建设类工种技术丛书

水 暖 工

主编 樊 荔

主审 杨露江

西南交通大学出版社

·成 都·

图书在版编目（CIP）数据

水暖工 / 樊荔主编. —成都：西南交通大学出版社，2013.3

（建设类工种技术丛书）

ISBN 978-7-5643-2219-9

Ⅰ. ①水… Ⅱ. ①樊… Ⅲ. ①水暖工 – 基本知识 Ⅳ. ①TU832

中国版本图书馆 CIP 数据核字（2013）第 040984 号

建设类工种技术丛书

水 暖 工

主编 樊 荔

责 任 编 辑	孟苏成
特 邀 编 辑	李 伟
封 面 设 计	墨创文化
出 版 发 行	西南交通大学出版社
	（成都二环路北一段 111 号）
发 行 部 电 话	028-87600564　028-87600533
邮 政 编 码	610031
网　　　　址	http://press.swjtu.edu.cn
印　　　　刷	成都勤德印务有限公司
成 品 尺 寸	175 mm × 230 mm
印　　　　张	13.125
字　　　　数	236 千字
版　　　　次	2013 年 3 月第 1 版
印　　　　次	2013 年 3 月第 1 次
书　　　　号	ISBN 978-7-5643-2219-9
定　　　　价	28.00 元

前　言

　　为顺应国家经济发展，满足建筑行业对工人技能及工种培训的需求，成都纺织高等专科学校组织编写了本书。本书力求简明扼要、通俗易懂、开门见山，目的是让一线工人和技术员容易读懂，方便掌握从业所需要的识图知识、材料特点、机具使用和工艺流程。编写中尽量编入新规范、新标准、新材料、新工艺，符合现行规范、标准、新工艺、新技术的推广要求，具有先进性和实用性。适用于水暖工的各种企业培训，也可作为职业高中、短训班的专业课教材。

　　本书共10章，包括水暖工施工图基础知识、水暖工常用材料和机具、水暖工基本操作技术、室内外给水系统安装、室内外排水系统安装、热水及采暖系统安装、消防系统安装、卫生器具安装、管道及设备的防腐与保温、管道系统的试压与清洗等内容。

　　本书由樊荔主编并统稿，杨露江主审。第2章、第3章、第4章由樊荔编写，第5章、第8章由王春艳编写，第6章由刘晓艳编写，第1章由吴启凤编写，第9章由漆群富编写，第7章由向艳编写，第10章由倪雪梅编写。

　　由于编者经验不足和水平有限，书中难免存在不妥之处，敬请同行、专家和广大读者批评指正。

编　者

2012 年 12 月

目　录

第1章　水暖工施工图
基础知识

1.1　投影与视图

1.1.1　投影的概念

1. 投影图

光线投射于物体产生影子的现象称为投影。例如，光线照射到物体后，在地面或其他背景上产生影子，这个影子就是物体的投影。在制图学上把该投影称为投影图（也称视图）。

用一组假想的光线把物体的形状投射到投影面上，并在其上形成物体的图像，这种用投影图表示物体的方法称为投影法，它表示光源、物体和投影面三者间的关系。投影法是绘制工程图的基础。

2. 投影法分类

$$投影法 \begin{cases} 中心投影法 \\ 平行投影法 \begin{cases} 正投影法 \\ 斜投影法 \end{cases} \end{cases}$$

投射光线从一点发射，对物体作投影图的方法称为中心投影法，如图1.1（a）所示。用互相平行的投射光线对物体作投影图的方法称为平行投影法。投射光线相互平行且垂直于投影面时称为正投影法，如图1.1（b）所示；投影光线相互平行但与投影面斜交时，称为斜投影法，如图1.1（c）所示。

正投影图能反映物体的真实形状和大小，在工程制图中得到广泛应用。因此，本节主要讨论正投影图。

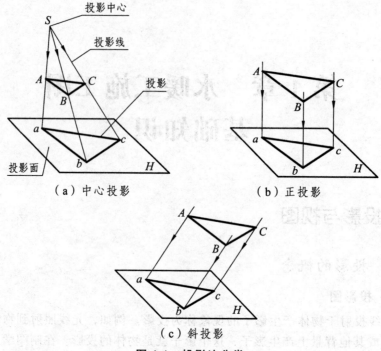

（a）中心投影　　　　　　　　（b）正投影

（c）斜投影

图 1.1　投影法分类

3. 正投影的基本特性

（1）显实性。直线、平面平行于投影面时，其投影反映实长、实形，形状和大小均不变，这种特性称为投影的显实性，如图 1.2（a）所示。

（2）积聚性。直线、平面垂直于投影面时，其投影积聚为一点或一条直线，这种特性称为投影的积聚性，如图 1.2（b）所示。

（3）类似性。直线、平面倾斜于投影面时，其投影仍为直线（长度缩短）、平面（形状缩小），这种特性称为投影的类似性，如图 1.2（c）所示。

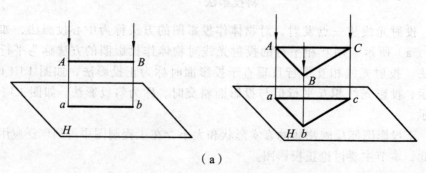

（a）

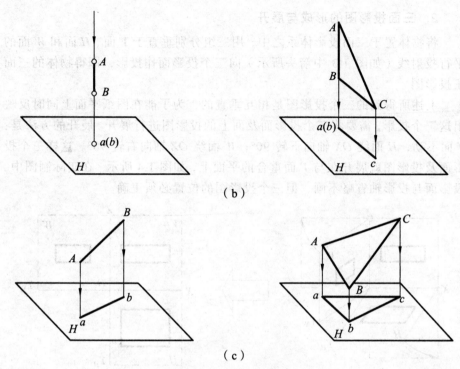

（ b ）

（ c ）

图 1.2   正投影特性

1.1.2   三面正投影图

1.   三面投影体系

反映一个空间物体的全部形状需要六个投影面，但一般物体用三个相互垂直的投影面上的三个投影图，就能比较充分地反映它的形状和大小，这三个相互垂直的投影面称为三面投影体系，如图 1.3 所示。三个投影面分别称为水平投影面（简称水平面，见图 1.3 中 *H* 面）、正立投影面（简称立面，见图 1.3 中 *V* 面）和侧立投影面（简称侧面，见图 1.3 中 *W* 面）。各投影面间的交线称为投影轴。

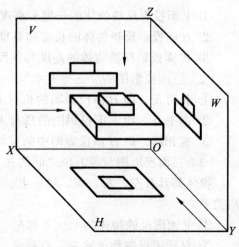

图 1.3   三面投影体系

2．三面投影图的形成与展开

将物体置于三面投影体系之中，用三组分别垂直于 V 面、H 面和 W 面的平行投射线（如图 1.3 中箭头所示）向三个投影面作投影，即得物体的三面正投影图。

上述所得到的三个投影图是相互垂直的，为了能在图纸平面上同时反映出这三个投影，需要将三个投影面及面上的投影图进行展开。展开的方法是：V 面不动，H 面绕 OX 轴向下转 90°；W 面绕 OZ 轴向右转 90°。这样三个投影面及投影图就展开在与 V 面重合的平面上，如图 1.4 所示。在实际制图中，投影面与投影轴省略不画，但三个投影图的位置必须正确。

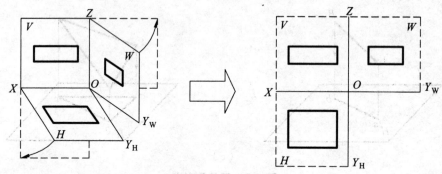

图 1.4　投影图的展开

3．三面投影图的投影规律

（1）三个投影图中的每一个投影图表示物体的两个向度和一个面的形状，如图 1.5 所示，即：

① V 面投影反映物体的长度和高度。

② H 面投影反映物体的长度和宽度。

③ W 面投影反映物体的高度和宽度。

（2）三面投影图的"三等关系"。

① 长对正，即 H 面投影图的长与 V 面投影图的长相等。

② 高平齐，即 V 面投影图的高与 W 面投影图的高相等。

③ 宽相等，即 H 面投影图中的宽与 W 投影图的宽相等。

（3）三面投影图与各方位之间的关系。

物体都具有左、右、前、后、上、下六个方向，在三面图中，它们的对应关系。

① V 面图反映物体的上、下和左、右的关系。

② H 面图反映物体的左、右和前、后的关系。

4

③ W 面图反映物体的前、后和上、下的关系。

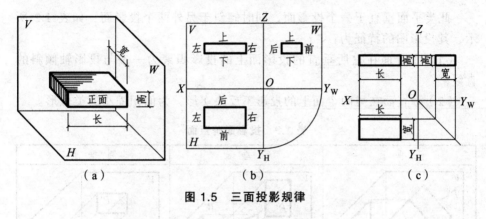

图 1.5　三面投影规律

1.1.3　平面的三面正投影特性

1. 投影面平行面

投影面平行面平行于一个投影面，同时垂直于另外两个投影面，如表 1.1 所示，其投影特点是：

（1）平面在它所平行的投影面上的投影反映实形。

（2）平面在另两个投影面上的投影积聚为直线，且分别平行于相应的投影轴。

表 1.1　投影面平行面

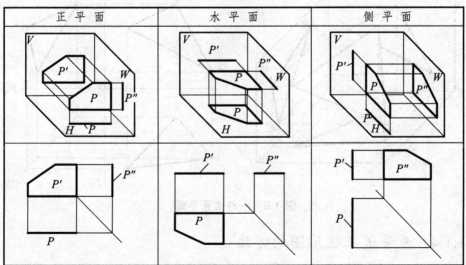

2. 投影面垂直面

此类平面垂直于一个投影面，同时倾斜于另外两个投影面，如表 1.2 所示，其投影图的特征为：

（1）垂直面在它所垂直的投影面上的投影积聚为一条与投影轴倾斜的直线。

（2）垂直面在另两个面上的投影不反映实形，为面积缩小的类似形。

表 1.2　投影面垂直面

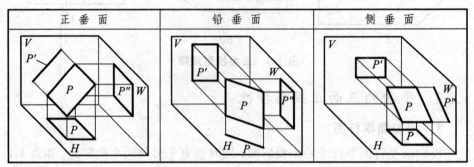

正垂面	铅垂面	侧垂面

3. 一般位置平面

三个投影面都倾斜的平面称为一般位置平面，其投影的特点是：三个投影均为封闭图形，小于实形，没有积聚性，但具有类似性，如图 1.6 所示。

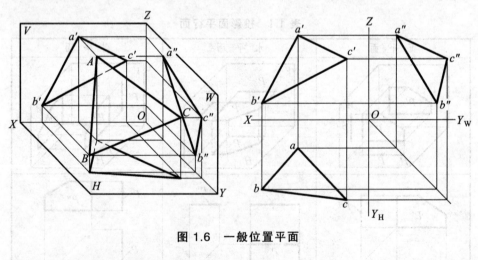

图 1.6　一般位置平面

1.1.4　看管道正投影图的方法

对于管道正投影图，画图是运用正投影方法将空间的管线表达到平面图

6

纸上的过程，而看图则是运用正投影规律根据平面图形想象出空间管线的走向、位置和高低的过程。如图 1.7 所示，使正立面保持不动，将水平面和侧立面按箭头所指方向旋转回到三个投影面相互垂直的原始位置，然后由各视图向空间引投影线，即将立面图上 a'、b'、c'、d' 等各点沿投影线向前投出，将平面图上 a、b、c、d 等各点沿投影线向上升起，将右侧立面图上 a''、b''、c''、d'' 等各点沿投影线方向向左横移，对应各点分别相交于 A、B、C、D，即摇头弯的空间位置得到复原。

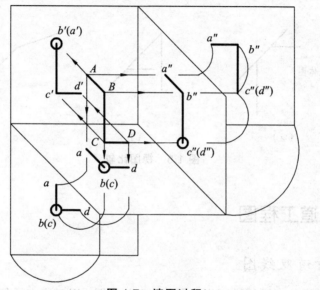

图 1.7　读图过程

（1）将几个视图联系起来看。通常情况下一个视图不能完全准确地反映管线的空间走向，看图时，要根据投影规律，将各个视图联系起来看，而不要孤立地看一个视图。

图 1.8 中三组管路的立面图完全一样，如果再看平面图，其区别就非常明显了。图 1.8（a）由两斜三通组成；（b）是由一个 90°弯头和一个三通组成；（c）是由一个 45°弯头和一个三通组成。

（2）必须认清视图上每一条线和小圆圈的含义。管线正投影图是由线条和小圆圈所组成，看图必须弄清楚各个走向管路在三面投影图上的投影。

（3）必须熟悉管子、管件、阀门等的表示方法。管路系统是由管子、管件、阀门及其他附件所组成，管道正投影图就是表示管子、管件等的相互关系，因此看图时一定要弄清楚管子及其附件的表示方法，对于管道交叉、重叠的表示方法也要熟悉。

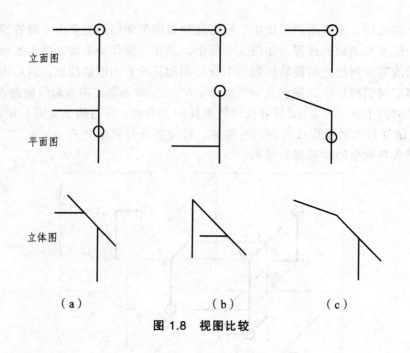

立面图

平面图

立体图

（a）　　　　　　　（b）　　　　　　　（c）

图 1.8　视图比较

1.2　管道工程图

1.2.1　管道双线图

用单根线条表示管道画出的图，称为单线图。用双线表示管道画出的图，称为管道双线图。

1.　管子的单、双线图

图 1.9（a）是管子垂直放在空间（立管）的双线图表示法，平面图和立面图上的管子均应画上中心线。

图 1.9（b）是立管单线图的两种表示法，立面图用铅垂线表示，平面图用圆圈或圆圈加点表示。

2.　弯头的单、双线图

图 1.10 是 90°弯头和 45°弯头的双线图表示法。图 1.11（a）是 90°弯头的单线图表示法。在平面图上先看到立管断口，后看到横管，画图时与管子单线图表示方法相同，对于立管断口的投影画成有圆心的小圆圈，也可以画成一个小圆圈。在侧面图（左视图）上，先看到立管，横管的断口在背面看

不到。这种看到弯头背部的，用直线画入小圆中心的方法表示。图 1.11（b）是 45°弯头的单线图表示法。45°弯头的画法与 90°弯头的画法很相似，但弯头背部的投影用直线加半圆圈表示。

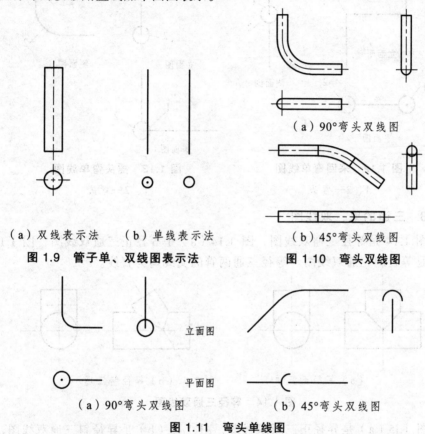

（a）双线表示法 （b）单线表示法
图 1.9 管子单、双线图表示法

（a）90°弯头双线图

（b）45°弯头双线图
图 1.10 弯头双线图

立面图

平面图

（a）90°弯头双线图 （b）45°弯头双线图
图 1.11 弯头单线图

两个弯头在同一平面上的组合，一般称为来回弯。图 1.12 是来回弯的三面投影图，立面图显示了来回弯的实形，它是由弯头 1 和弯头 2 组成；在平面图里，弯头 1 投影时先看到立管断口而画成了带点的小圆圈，弯头 2 投影时看到弯头背部，用水平线进入小圆圈中心来表示；侧面图是由两条铅垂线和一个小圆圈组成，弯头 1 投影时看到背部，用直线进入圆圈中心表示，弯头 2 被弯头 1 遮住，用直线画至小圆圈边表示。

两个弯头互成 90°的组合，一般称为摇头弯。图 1.13 是摇头弯的三面投影图；平面图里，弯头 1 投影看到背部，画成水平线进入小圆圈中，弯头 2 被弯头 1 遮住，用铅垂线画到小圆圈边表示；侧面图里，弯头 1 投影看到管子断口，用小圆圈加点和铅垂线表示，弯头 2 显示了侧面实形。

9

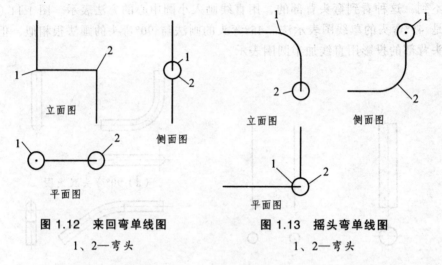

图 1.12　来回弯单线图
1、2—弯头

图 1.13　摇头弯单线图
1、2—弯头

3．三通的单、双线图

图 1.14 是等径三通双线图，图 1.14（a）是等径正三通双线图，图 1.14（b）是等径斜三通双线图。等径三通两管的交线均为直线。

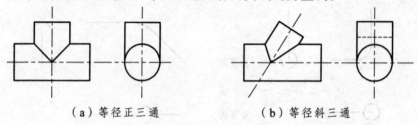

（a）等径正三通　　　　　　　（b）等径斜三通

图 1.14　等径三通双线图

图 1.15（a）是异径正三通双线图，图 1.15（b）是异径斜三通双线图，异径三通两管交线为圆弧形。

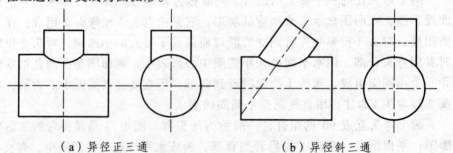

（a）异径正三通　　　　　　　（b）异径斜三通

图 1.15　异径三通双线图

10

图 1.16（a）是正三通的单线图。在平面图上先看到立管断口，所以把立管画成一个圆心带点的小圆圈，横管画在小圆圈边上；在左侧立面图上先看到横管的断口，所以把横管画成一个圆心带点的小圆圈，立管画在小圆圈的两边；在右侧立面图上先看到立管，后看到横管，这时横管画成小圆圈，立管通过小圆的圆心。在单线图里，不论是等径正三通还是异径正三通，其单线图表示形式均相同。等径斜三通和异径斜三通在立面图和侧面图的单线图表示法如图 1.16（b）所示。

（a）正三通单线图　　　（b）等径斜三通和异径斜三通单线图

图 1.16　三通的单线图

4. 四通的单、双线图

图 1.17（a）是等径四通双线图，两根管子十字相交处，其交线呈"×"形直线。图 1.17（b）是等径和异径正四通的单线图。

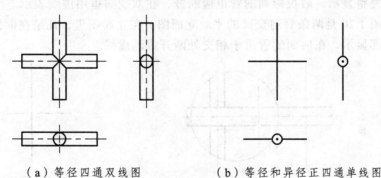

（a）等径四通双线图　　　（b）等径和异径正四通单线图

图 1.17　四通单、双线图

5. 异径管的单、双线图

异径管有同心和偏心之分。图 1.18(a)是同心异径管的单线图和双线图，同心异径管画成等腰梯形，在单线图里也可以画成等腰三角形。图 1.18（b）是偏心异径管的单线图和双线图，偏心异径管不论在平面图，还是在立面图上都用梯形表示。

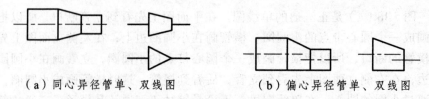

（a）同心异径管单、双线图　　　　　（b）偏心异径管单、双线图

图 1.18　异径管的单、双线图

6. 阀门的单、双线图

管道工程中阀门种类很多，各类阀门在图纸上的表示方法也不尽相同。在单线图里一般用两个相连接的三角形或实心圆圈加手柄线条表示，如图1.19 所示。有的双线图和工艺管道的单线图要求画出阀杆的安装方向，这时凡是投影先看到手轮的，用圆圈画在阀门符号上表示，手柄在后面被遮住的用半圆画在阀门符号上表示。

图 1.19　阀门单线图表示法

1.2.2　管道交叉与重叠表示法

1. 管道交叉表示法

空间敷设的管道经常出现交叉情况，在管道工程图里必须表示清楚管道的前后或高低。在管道图内，交叉表示方法的基本原则是：先投影到的管道全部完整显示，后投影到的管道应断开，在双线图里用虚线表示。

图 1.20 是两条管道交叉的平、立面图。在立面图里，凡是在前面的管道均全部显示，在后面的管道于相交处断开或画虚线。

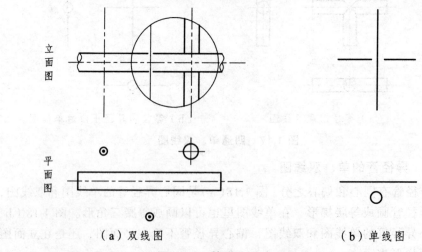

（a）双线图　　　　　　　　　　　（b）单线图

图 1.20　管道交叉表示法

2. 管道重叠表示法

几条管道处在同一铅垂线上或处于同一水平面上，这几条管道在水平面或立面上的投影就重合在一起了，这就是管道的重叠。

（1）管道重叠可以用管线编号标注的方法表示。在平、立面图里只要编号相同，即表示为同一根管线，如图 1.21 所示。

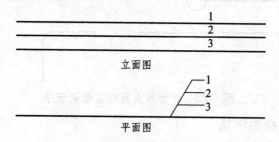

图 1.21　三根成排管线的平、立面图

（2）管道重叠还可以用折断显露法表示。所谓折断显露法，就是几根管线处于重叠状态时，假想从前向后逐根将管子截去一段，同时显露出后面几根管子的表示方法。图 1.22 所示为四根重叠管线用折断显露法表示的平、立面图。

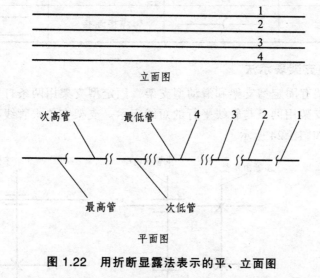

图 1.22　用折断显露法表示的平、立面图

弯管和直管线重叠时，如先看到直管线，采用折断显露法表示，如图 1.23（a）所示；如先看到弯管，则在弯管和直管之间空开 3～4 mm，直管段可不画折断符号，如图 1.23（b）所示。

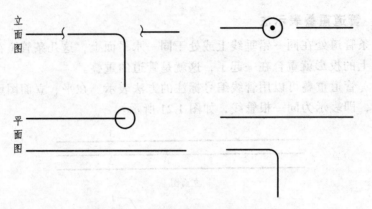

图 1.23 弯管和直管线重叠表示法

3. 管道连接表示法

管道连接形式有好几种，其中法兰连接、螺纹连接、焊接连接及承插连接是最常见的，它们的连接符号如表 1.3 所示。

表 1.3 管道连接形式及其规定符号

管道连接形式	规定符号	管道连接形式	规定符号
法兰连接		螺纹连接	
承插连接		焊接连接	

4. 管道支架表示法

管道支架有固定型支架和滑动型支架，固定型支架用两条打叉的直线表示；滑动型支架用两条与管线平行的短线表示。支架在单根管线和多根管上的表示方法如图 1.24 所示。

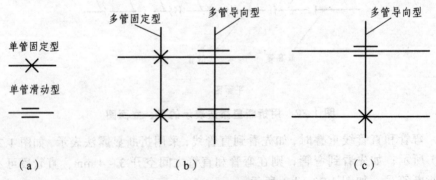

图 1.24 管道支架表示法

14

1.2.3 管道剖面图

1. 剖切符号

剖切符号由剖切位置线和剖视方向线组成。剖切位置线用断开的两段短粗实线表示，绘图时，剖切位置线不宜与图面上的线条接触。在剖切位置线两端的同侧各画一段与它垂直的短粗实线，表示投影方向，这条线就是剖视方向线。剖切位置线与剖视方向线互成直角。建筑制图标准规定剖视方向线的长度比剖切位置线短，机械制图标准规定剖视方向线应画上箭头，如图1.25所示。在管道工程图中，剖切符号的两种画法都适用。

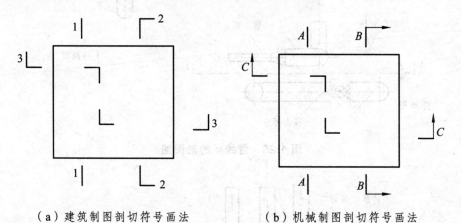

（a）建筑制图剖切符号画法　　　　（b）机械制图剖切符号画法

图1.25　剖切符号

剖面和断面的编号一般采用数字或英文字母，按顺序编排，该数字或英文字母分别注写在剖切位置线的两端。在剖面图和断面图的图名前加注中间有一横线的两个相同的数字或字母，如1—1或A—A。

2. 管道剖面图的表示方法

（1）管道间的剖面图。管道剖面图是一种利用剖切符号，将空间管路系统剖切后，重新投影而画出的管路立面布置图。图1.26（a）是用双线表示的管道平、立面图，图内有两组管线，1号管线由来回弯组成，管线上带有阀门；2号管线由摇头弯组成，管线上还带有大小头。

（2）管道间的阶梯剖面图。管路系统比较复杂时，为了反映管线在不同位置上的状况，可以用两个相互平行的剖切平面，对管线进行剖切，这样得到的剖面图就是管道阶梯剖面图。管道阶梯剖面图又称为管道转折剖面图，按照规定管道阶梯剖面图只允许转折一次，如图1.27（a）所示，管道在两个剖切平面的分界线处，双线管应画成平口，不能画成圆口，单线管切口处不得画折断符号，如图 1.27（b）所示。

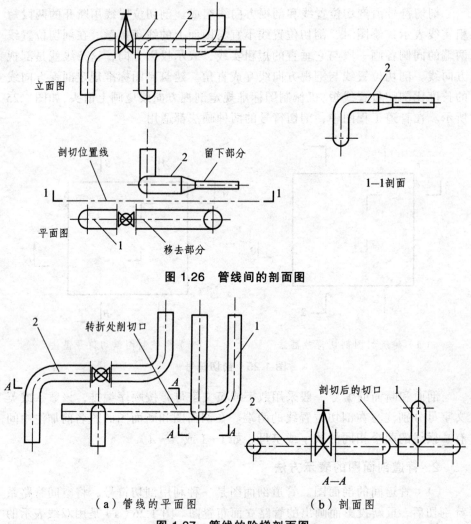

图 1.26　管线间的剖面图

（a）管线的平面图　　　　　（b）剖面图

图 1.27　管线的阶梯剖面图

根据图 1.28，各个剖面图的情况如下：

由于 1—1 剖面的剖切位置在管路的前面，只切去一段前后走向的短管，因此 1—1 剖面图与立面图相同；2—2 剖面图是两个三通与一个来回弯的左视立面图；3—3 剖面图是摇头弯的右视立面图；4—4 剖面图是整个管路的背立面图。以上各剖面图见图 1.28。

16

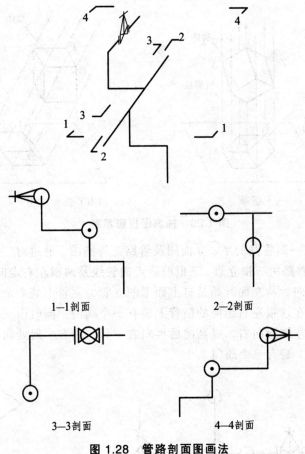

1—1剖面   2—2剖面

3—3剖面   4—4剖面

图 1.28　管路剖面图画法

1.2.4　管道轴测图

　　轴测图是用平行投影法，将物体长、宽、高三个方向的形状在一个投影面上同时反映出来的图形。轴测图根据投影面与投影线方向不同，可以分为正轴测图和斜轴测图两大类。当物体长、宽、高三个方向的坐标轴与投影面倾斜，投影线与投影面相垂直所形成的投影图，称为正轴测图；当物体两个方向的坐标轴与投影面平行，投影线与投影面倾斜所形成的投影图，称为斜轴测图，如图 1.29 所示。

　　管道系统轴测图也分为两大类。当三个轴测轴之间夹角为 120°时，画出的管道系统图称为管道正等测图；当三个轴测轴之间夹角一个为 90°，而另外两个为 135°时，画出的管道系统图称为管道斜等测图。

17

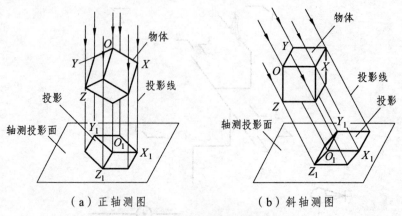

（a）正轴测图   （b）斜轴测图

图 1.29 轴测图投影示意

图 1.30 是一组管路的平、立面图及管路正等测图。通过对三幅图样的分析，可以看出管路由三根立管、三根前后走向管线及两根左右走向管线组成。管路的空间走向，从左面开始是自上而下的立管，立管上装一个阀门，然后向前再向右。在这根左右走向的横管上装有一个阀门，同时由三通开始分成两路。一路自左继续向右，登高向后再向右；另一路在三通处向前再向下，在向下的立管上装有一个阀门。

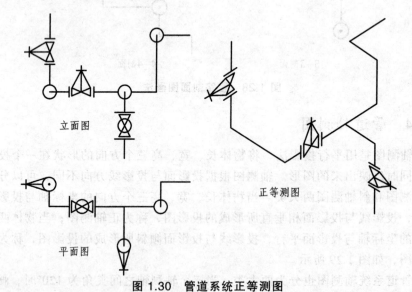

图 1.30 管道系统正等测图

图 1.31 是一组管路的平、立面图及管路斜等测图。通过对三幅图样的分析，可以看出管路由一个 90°弯管、一个来回弯和一个摇头弯分别以三通形

18

式连接而成。管路上有三个阀门、三根立管、三根前后走向管线及两根左右走向管线。管路走向从下面开始，然后自前向后，登高再向后，在立管上开三通，一路自左向右，转弯向后再向下，另一路在上面前后走向，管线上开三通向左，再转弯向上。

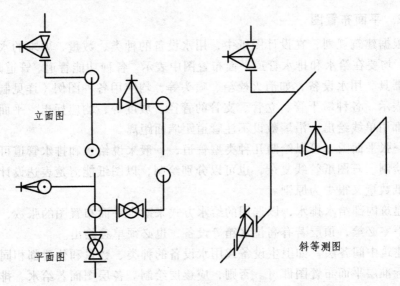

图 1.31 管道系统斜等测图

1.3 建筑给水排水施工图

1.3.1 建筑给水排水施工图的内容

建筑给水排水施工图是工程项目中单位工程的组成部分之一。它是基本建设概预算中施工图预算和组织施工的主要依据文件，也是国家确定和控制基本建设投资的重要依据材料。

建筑给水排水施工图表示一幢建筑物的给水系统和排水系统，它是由设计说明、平面布置图、系统图、详图和设备及材料明细表等组成。

1. 设计说明

设计说明是用文字来说明设计图样上用图形、图线或符号表达不清楚的问题，主要包括：采用的管材及接口方式；管道的防腐、防冻、防结露的方法；卫生器具的类型及安装方式；所采用的标准图号及名称；施工注意事项；

施工验收应达到的质量要求；系统的管道水压试验要求及有关图例等。

设计说明可直接写在图样上，当工程较大、内容较多时，则要另用专页进行编写。如果有水泵、水箱等设备，还须写明其型号规格及运行管理要求等。

2. 平面布置图

根据建筑规划，在设计图纸中，用水设备的种类、数量，要求的水质、水量，均要在给水和排水管道平面布置图中表示。各种功能管道、管道附件、卫生器具、用水设备，如消火栓箱、喷头等，均应用各种图例（详见制图标准）表示。各种横干管、立管、支管的管径、坡度等，均应标出。平面图上管道都用单线绘出，沿墙敷设不注管道距墙面距离。

一张平面图上可以绘制几种类型管道，一般来说给水和排水管道可以在一起绘制。若图纸管线复杂，也可以分别绘制，以图纸能清楚表达设计意图且图纸数量又很少为原则。

建筑内部给水排水，以选用的给水方式来确定平面布置图的张数，底层及地下室必绘，顶层若有高位水箱等设备，也必须单独绘出。

建筑中间各层，如卫生设备或用水设备的种类、数量和位置都相同，绘一张标准层平面布置图即可。否则，应逐层绘制。各层图面若给水、排水管垂直相重，平面布置可错开表示。平面布置图的比例，一般与建筑图相同。常用的比例尺为 1∶100，施工详图可取 1∶50～1∶20。在各层平面布置图上，各种管道、立管应编号标明。

3. 系统图

系统图也称"轴测图"，取水平、轴测、垂直方向，完全与平面布置图比例相同。系统图上应标明管道的管径、坡度，标出支管与立管的连接处，管道各种附件的安装标高。标高的 ±0.000 应与建筑图一致。系统图上各种立管的编号，应与平面布置图一致。系统图均应按给水、排水、热水等各系统单独绘制，以便于施工安装和概预算应用。系统图中对用水设备及卫生器具的种类、数量和位置完全相同的支管、立管，可不重复完全绘出，但应用文字标明。当系统图立管、支管在轴测方向重复交叉影响识图时，可断开移到图面空白处绘制。建筑居住小区给排水管道，一般不绘系统图，但应绘出管道纵断面图。

4. 详 图

当某些设备的构造或管道之间的连接情况在平面图或系统图上表示不清

楚又无法用文字说明时,将这些部位进行放大的图称作详图。详图表示某些给水排水设备及管道节点的详细构造及安装要求。有些详图可直接查阅标准图集或室内给水排水设计手册等。

5. 设备及材料明细表

为了能使施工准备的材料和设备符合图样要求,对重要工程中的材料和设备,应编制设备及材料明细表,以便做出预算施工备料。设备及材料明细表应包括:编号、名称、型号规格、单位、数量、质量及附注等项目。

施工图中涉及的管材、阀门、仪表、设备等均需列入表中,不影响工程进度和质量的零星材料,允许施工单位自行决定时可不列入表中。

施工图中选定的设备对生产厂家有明确要求时,应将生产厂家的厂名写在明细表的附注里。此外,施工图还应绘出工程图所用图例。所有以上图纸及施工说明等应编排有序,写出图纸目录。

1.3.2 建筑给水排水施工图的识读

阅读主要图纸之前,应当先看说明和设备材料表,然后以系统为线索深入阅读平面图和系统图及详图。阅读时,应将三种图相互对照一起看。先看系统图,对各系统做到大致了解。看给水系统图时,可由建筑的给水引入管开始,沿水流方向经干管、立管、支管到用水设备。看排水系统图时,可由排水设备开始,沿排水方向经支管、横管、立管、干管到排出管。

1. 平面图的识读

建筑给水排水管道平面图是施工图纸中最基本和最重要的图纸,常用的比例是 1∶100 和 1∶50 两种。它主要表明建筑物内给水排水管道及卫生器具和用水设备的平面布置。图上的线条都是示意性的,同时管配件,如活接头、补芯、管箍等也不画出来,因此在识读图纸时还必须熟悉给排水管道的施工工艺。

2. 系统图的识读

给排水管道系统图主要表明管道系统的立体走向。在给水系统图上,卫生器具不画出来,只需画出龙头、淋浴器莲蓬头、冲洗水箱等符号。用水设备,如锅炉、热交换器、水箱等则画出示意性的立体图,并在旁边注以文字说明。在排水系统图上也只画出相应的卫生器具的存水弯或器具排水管。

3. 详图的识读

室内给排水工程的详图包括节点图、大样图、标准图，主要是管道节点、水表、消火栓、水加热器、开水炉、卫生器具、过墙套管、排水设备、管道支架等的安装图。这些图都是根据实物用正投影法画出来的，画法与机械制图画法相同，图上都有详细尺寸，可供安装时直接使用。

成套的专业施工图首先要看它的图样目录，然后再看具体图样，并应注意以下几点：

（1）给水排水施工图所表示的设备和管道一般采用统一的图例，在识读图样前应查阅和掌握有关的图例，了解图例代表的内容。

（2）给水排水管道纵横交错，平面图难以表明它们的空间走向，一般采用系统图表明各层管道的空间关系及走向。识读时应将系统图和平面图对照识读，以便了解系统全貌。

（3）系统图中图例及线条较多，应按一定流向进行，一般给水系统识读顺序为：房屋引入管—水表井—给水干管—给水立管—给水横管—用水设备；排水系统识读顺序为：排水设备—排水支管—横管—立管—排出管。

（4）结合平面图、系统图及说明看详图，了解卫生器具的类型、安装形式、设备规格型号、配管形式等，注意系统的详细构造及施工的具体要求。

（5）识读图样时应注意预留孔洞、预埋件、管沟等的位置及对土建的要求，还需对照查看有关的土建施工图样，以便于施工配合。

4. 图 例

（1）管道类别应以汉语拼音字母表示，并符合表 1.4 的要求。

表 1.4 管道图例

序　号	名　　称	图　　例	备　　注
1	生活给水管	—— J ——	
2	热水给水管	—— RJ ——	
3	热水回水管	—— RH ——	
4	中水给水管	—— ZJ ——	
5	循环给水管	—— XJ ——	
6	循环回水管	—— XH ——	
7	热媒给水管	——RMJ——	

序 号	名 称	图 例	备 注
8	热媒回水管	——RMH——	
9	蒸汽管	—— Z ——	
10	凝结水管	—— N ——	
11	废水管	—— F ——	可与中水源水管合用
12	压力废水管	—— YF ——	
13	通气管	—— T ——	
14	污水管	—— W ——	
15	压力污水管	——YW——	
16	雨水管	—— Y ——	
17	压力雨水管	——YY——	
18	膨胀管	—— PZ ——	
19	保温管		
20	多孔管		
21	地沟管		
22	防护套管		
23	管道立管	XL-I 平面　　XL-I 系统	X：管道类别 L：立管 I：编号
24	伴热管		
25	空调凝结水管	——KN——	
26	排水明沟	坡向 ——→	
27	排水暗沟	坡向 ——→	

注：分区管道用加注角标方式表示，如 J_1、J_2、RJ_1、RJ_2 等。

（2）管道附件的图例应符合表 1.5 的要求。

表 1.5　管道附件

序　号	名　　称	图　例	备　注
1	套管伸缩器		
2	方形伸缩器		
3	刚性防水套管		
4	柔性防水套管		
5	波纹管		
6	可曲挠橡胶接头		
7	管道固定支架		
8	管道滑动支架		
9	立管检查口		
10	清扫口	平面　　　系统	
11	通气帽	成品　　　铅丝球	
12	雨水斗	YD-　　　YD- 平面　　　系统	
13	排水漏斗	平面　　　系统	
14	圆形地漏		通用。如为无水封，地漏应加存水弯
15	方形地漏		
16	自动冲洗水箱		
17	挡墩		

24

续表 1.5

序 号	名 称	图 例	备 注
18	减压孔板	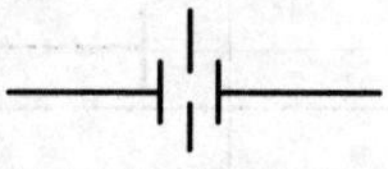	
19	Y 形除污器	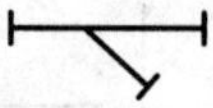	
20	毛发聚焦器	 平面 　　　系统	
21	防回流污染止回阀	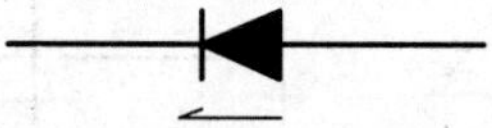	
22	吸气阀		

（3）管道连接的图例应符合表 1.6 的要求。

表 1.6　管道连接

序 号	名 称	图 例	备 注
1	法兰连接	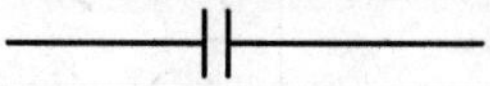	
2	承插连接	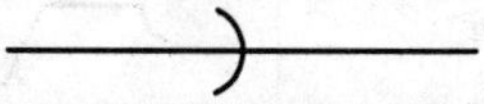	
3	活接头	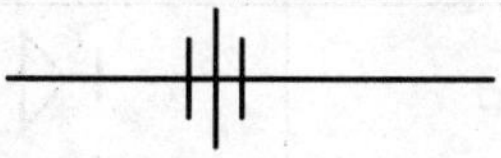	
4	管堵		
5	法兰堵盖		
6	弯折管		表示管道向后及向下弯转 90°
7	三通连接	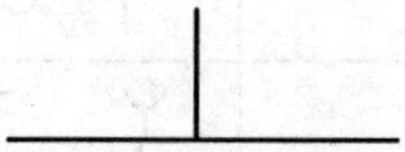	
8	四通连接	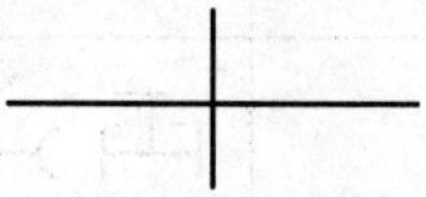	

续表 1.6

序 号	名 称	图 例	备 注
9	盲板		
10	管道丁字上接		
11	管道丁字下接		
12	管道交叉		在下方和后面的管道应断开

（4）管件的图例应符合表 1.7 的要求。

表 1.7 管 件

序 号	名 称	图 例	备 注
1	偏心异径管		
2	异径管		
3	乙字管		
4	喇叭口		
5	转动接头		
6	短管		
7	存水弯		
8	弯头		
9	正三通		

26

序 号	名 称	图 例	备 注
10	斜三通		
11	正四通		
12	斜四通		
13	浴盆排水件		

（5）阀门的图例应符合表 1.8 的要求。

表 1.8 阀 门

序 号	名 称	图 例	备 注
1	闸阀		
2	角阀		
3	三通阀		
4	四通阀		
5	截止阀	DN≥50　　DN<50	
6	电动阀		
7	液动阀		
8	气动阀		
9	减压阀		左侧为高压端

27

序 号	名 称	图 例	备 注
10	旋塞阀	平面　　　系统	
11	底阀		
12	球阀		
13	隔膜阀		
14	气开隔膜阀		
15	气闭隔膜阀		
16	温度调节阀		
17	压力调节阀		
18	电磁阀		
19	止回阀		
20	消声止回阀		
21	蝶阀		
22	弹簧安全阀		左为通用
23	平衡锤安全阀		
24	自动排气阀	平面　　　系统	
25	浮球阀	平面　　　系统	
26	延时自闭冲洗阀		

序 号	名 称	图 例	备 注
27	吸水喇叭口	平面 ◉ △ 系统	
28	疏水器		

（6）给水配件的图例应符合表 1.9 的要求。

表 1.9　给水配件

序 号	名 称	图 例	备 注
1	放水龙头		左侧为平面，右侧为系统
2	皮带龙头		左侧为平面，右侧为系统
3	洒水（栓）龙头		
4	化验龙头		
5	肘式龙头		
6	脚踏开关		
7	混合水龙头		
8	旋转水龙头		
9	浴盆带喷头混合水龙头		

（7）消防设施的图例应符合表 1.10 的要求。

表 1.10　消防设施

序　号	名　　称	图　例	备　注
1	消火栓给水管	——XH——	
2	自动喷水灭火给水管	——ZP——	
3	室外消火栓		白色为开启面
4	室内消火栓（单口）	平面　系统	
5	室内消火栓（双口）	平面　系统	
6	水泵接合器		
7	自动喷洒头（开式）	平面　系统	
8	自动喷洒头（闭式）	平面　系统	下喷
9	自动喷洒头（闭式）	平面　系统	上喷
10	自动喷洒头（闭式）	平面　系统	上下喷
11	侧墙式自动喷洒头	平面　系统	
12	侧喷式喷洒头	平面　系统	
13	雨淋灭火给水管	——YL——	
14	水幕灭火给水管	——SM——	
15	水炮灭火给水管	——SP——	
16	干式报警阀	平面　系统	
17	水炮		
18	湿式报警阀	平面　系统	

30

序　号	名　称	图　例	备　注
19	预作用报警阀	平面 ⬤　系统	
20	遥控信号阀		
21	水流指示器		
22	水力警铃		
23	雨淋阀	平面 ⬤　系统	
24	末端测试阀	平面 ⬤　系统	
25	手提式灭火器	▲	
26	推车式灭火器	⬤	

注：分区管道用加注角标方式表示，如 XH_1、XH_2、ZP_1、ZP_2 等。

（8）卫生设备的图例应符合表 1.11 的要求。

表 1.11　卫生设备

序　号	名　称	图　例	备　注
1	立式洗脸盆		
2	台式洗脸盆		
3	挂式洗脸盆		
4	浴盆		
5	化验盆、洗涤盆		
6	带沥水板洗涤盆		不锈钢制品

序号	名称	图例	备注
7	盥洗槽		
8	污水池		
9	妇女卫生盆		
10	立式小便器		
11	壁挂式小便器		
12	蹲式大便器		
13	坐式大便器		
14	小便槽		
15	淋浴喷头		

（9）给排水设备的图例应符合表 1.12 的要求。

表 1.12　给水排水设备

序号	名称	图例	备注
1	水泵	平面　系统	
2	潜水泵		
3	定量泵		
4	管道泵		

序　号	名　称	图　例	备　注
5	卧式热交换器		
6	立式热交换器		
7	快速管式热交换器		
8	开水器		
9	喷射器		小三角为进水端
10	除垢器		
11	水锤消除器		
12	浮球液位器		
13	搅拌器		

（10）给排水专业所用仪表的图例应符合表 1.13 的要求。

表 1.13　仪　表

序　号	名　称	图　例	备　注
1	温度计		
2	压力表		
3	自动记录压力表		

序 号	名 称	图 例	备 注
4	压力控制器		
5	水表		
6	自动记录流量计		
7	转子流量计		
8	真空表		
9	温度传感器	— — — T — — —	
10	压力传感器	— — — P — — —	
11	pH 传感器	— — — pH — — —	
12	酸传感器	— — — H — — —	
13	碱传感器	— — — Na — — —	
14	余氯传感器	— — — Cl — — —	

1.4 建筑采暖系统施工图

1.4.1 建筑采暖系统施工图的内容

采暖系统施工图包括设计与施工说明、平面图、系统图、详图和设备及主要材料明细表。

1. 设计和施工说明

采暖设计说明书一般写在图纸的首页上，内容较多时也可单独使用一张

34

图。主要内容有：热媒及其参数；建筑物总热负荷；热媒总流量；系统形式；管材和散热器的类型；管子标高是指管中心还是指管底；系统的试验压力；保温和防腐的规定以及施工中应注意的问题等。设计和施工说明书是施工的重要依据。

2. 平面图

平面图是用正投影原理，采用水平全剖的方法，连同房屋平面图一起画出的。它是施工中的重要图纸，又是绘制系统图的依据。

（1）楼层平面图。楼层平面图指中间层（标准层）平面图，应标明散热设备的安装位置、规格、片数（尺寸）及安装方式（明设、暗设、半暗设），还有立管的位置及数量。

（2）顶层平面图。除有与楼层平面图相同的内容外，对于上分式系统，要标明总立管、水平干管的位置；干管管径大小、管道坡度以及干管上的阀门、管道固定支架及其他构件的安装位置；热水采暖要标明膨胀水箱、集气罐等设备的位置、规格及管道连接情况。

（3）底层平面图。除有与楼层平面图相同的有关内容外，还应标明供热引入口的位置、管径、坡度及采用标准图号（或详图号）。下分式系统表明干管的位置、管径和坡度；上分式系统表明回水干管（蒸汽系统为凝水干管）的位置、管径和坡度。管道地沟敷设时，平面图中还要标明地沟位置和尺寸。

3. 系统图

采暖系统中，系统图用单线绘制，与平面图比例相同。系统图是表示采暖系统空间布置情况和散热器连接形式的立体轴测图，反映系统的空间形式。系统采用前实后虚的画法，表达前后的遮挡关系。系统图上标注各管段管径的大小，水平管的标高、坡度、散热器及支管的连接情况，对照平面图可反映系统的全貌。

4. 详　图

采暖平面图和系统图难以表达清楚而又无法用文字加以说明的问题，可以用详图表示。详图包括有关标准图和绘制的节点详图。

（1）标准图。在设计中，有的设备、器具的制作和安装，某些节点的结构做法和施工要求是通用的、标准的，因此设计时直接选用国家和地区的标准图集和设计院的重复使用图集，不再绘制这些详细图样，只在设计图纸上注出选用的图号，即通常使用的标准图。有些图是施工中通用的，但非标准图集中使用的，所以，习惯上人们把这些图与标准图集中的图一并称为重复使用图。

（2）节点详图。用放大的比例尺，画出复杂节点的详细结构，一般包括用户入口、设备安装、分支管大样、过门地沟等。

5. 设备及主要材料明细表

在设计采暖施工图时，应把工程所需的散热器的规格和分组片数、阀门的规格型号、疏水器的规格型号以及设计数量和质量列在设备表中；把管材、管件、配件以及安装所需的辅助材料列在主要材料表中，以便做好工程开工前的准备。

1.4.2　建筑采暖系统施工图的识读

1. 平面图的识读

识读平面图时，要按底层、顶层、中间楼层平面图的识读顺序分层识读，重点注意以下环节：

（1）采暖进口平面位置及预留孔洞尺寸、标高情况。

（2）入口装置的平面安装位置，对照设备材料明细表查清选用设备的型号、规格、性能及数量；对照节点图、标准图，注意各入口装置的安装方法及安装要求。

（3）明确各层采暖干管的定位走向、管径及管材、敷设方式及连接方式。明确干管补偿器及固定支架的设置位置及结构尺寸。对照施工说明，明确干管的防腐、保温要求，明确管道穿越墙体的安装要求。

（4）明确各层采暖立管的形式、编号、数量及其平面安装位置。

（5）明确各层散热器的组数、每组片数及其平面安装位置，对照图例及施工说明，查明其型号、规格、防腐及表面涂色要求。当采用标准层设计时，因各中间层散热器布置位置相同而只绘制一层，而将各层散热器的片数标注于一个平面图中，识读时应按不同楼层读得相应片数。散热器的安装形式，除四、五柱型有足片可落地安装外，其余各型散热器均为挂装。散热器有明装、明装加罩、半暗装、全暗装加罩等多种安装方式，应对照建筑图纸、施工说明予以明确。

（6）明确采暖支管与散热器的连接方式（单侧连、双侧连、水平串联、水平跨越等）。

（7）明确各采暖系统辅助设备（膨胀水箱、集气罐、自动排气阀等）的平面安装位置，并对照设备材料明细表，查明其型号、规格与数量，对照标准图明确其安装方法及安装要求。

2. 系统图的识读

系统图应按平面图规划的系统分别识读。为避免图形重叠，系统图常分开绘制，使前、后部投影绘成两个或多个图形，因此还需分片识读。不论何种识读，均应自入口总管开始，沿供水总管、干管、立管、支管、散热设备、回水支管、立管、干管、回水总管的识读路线循环一周。

室内采暖系统图识读时应重点注意以下技术环节：

（1）总管（供、回水）及其入口装置的安装标高。

（2）各类管道的走向、标高、坡度、支承与固定方法、相互连接方式、管材及管径，与采暖设备的连接方法等。

（3）明确各类管道附件的类型、型号、规格及其安装位置与标高；明确管道转弯、分支、变径等采用管件的类型、规格。

（4）对照标准图，重点明确管道与设备、管道与附件的具体连接方法及安装要求。

（5）在通过分片识读已经清楚分片系统情况的基础上，将各分片系统衔接成整体。务必掌握各独立采暖系统的全貌，明白设备与管道连接的整体情况，明确全系统的安装细部要求。

1.4.3 图 例

（1）水、汽管道代号应按表 1.14 选用。

（2）自定义水、汽管道代号应避免与表 1.14 矛盾或重复，并应在相应图中说明。

表 1.14 水汽管道代号

序号	代号	管道名称	备 注
1	R	（供暖、生活、工艺用）热水管	（1）用粗实线、粗虚线区分供水、回水时，可省略代号； （2）可附加阿拉伯数字 1、2 区分供水、回水； （3）可附加阿拉伯数字 1、2、3…表示一个代号，不同参数的多种管道
2	Z	蒸汽管	需要区分饱和、过热、自用蒸汽时，可在代号前分别附加 B、G、Z
3	N	凝结水管	

序号	代号	管道名称	备 注
4	P	膨胀水管、排污管、排气管、旁通管	需要区分时，可在代号后附加一位小写拼音字母，即 Pz、Pw、Pq、Pt
5	G	补给水管	
6	X	泄水管	
7	XH	循环管、信号管	循环管为粗实线，信号管为细虚线。不致引起误解时，循环管也可为"X"
8	Y	溢排管	

（3）水、汽管道阀门和附件的图例应按表 1.15 采用。

表 1.15 水、汽管道阀门和附件

序号	名 称	图 例	备 注
1	阀门（通用）、截止阀		（1）没有说明时，表示螺纹连接。 法兰连接时，用表示； 焊接时，用表示 （2）轴测图画法。 阀杆为垂直 阀杆为水平
2	闸阀		
3	手动调节阀		
4	球阀、转心阀		
5	蝶阀		
6	角阀	或	
7	平衡阀		
8	三通阀	或	
9	四通阀		

续表 1.15

序号	名 称	图 例	备 注
10	节流阀		
11	膨胀阀	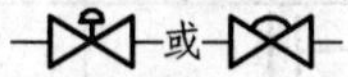 或	也称"隔膜阀"
12	旋塞		
13	快放阀		也称"快速排污阀"
14	止回阀	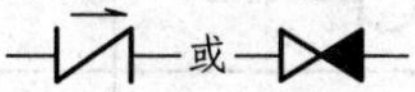 或	左图为通用阀、右图为升降式止回阀，流向同左，其余同阀门类推
15	减压阀	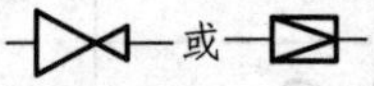 或	左图小三角为高压端，右图右侧为高压端，其余同阀门类推
16	安全阀		左图为通用阀，中间为弹簧安全阀，右图为重锤安全阀
17	疏水阀	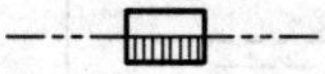	也称"疏水器"，不致引起误解时，也可用  表示
18	浮球阀	 或	
19	集气罐、排气装置	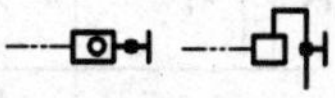	左图为平面图
20	自动排气阀		
21	除污器（过滤器）	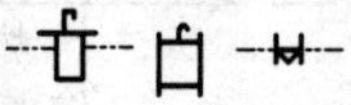	左图为立式除污器，中间为卧式除污器，右图为Y型过滤器
22	节流孔板、减压孔板		在不致引起误解时，也可用 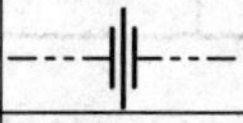 表示
23	补偿器		也称"伸缩器"
24	矩形补偿器		
25	套管补偿器		
26	波纹管补偿器		
27	弧形补偿器		
28	球形补偿器		
29	变径管、异径管		左图为同心异径管，右图为偏心异径管
30	活接头	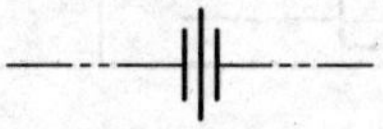	

序号	名　称	图　例	备　注
31	法兰		
32	法兰盖		
33	丝堵		也可表示为
34	可屈挠橡胶软接头		
35	金属软管		也可表示为
36	绝热管		
37	保护套管		
38	伴热管		
39	固定支架		
40	介质流向	→ 或 ⇨	在管道断开处，流向符合应标注在管道中心线上，其余可同管径标注位置
41	坡度及坡向	$i=0.003$ 或 → $i=0.003$	坡道数值不宜与管道起、止点标高同时标注，标注位置同管径标注位置

（4）暖通设备的图例应按表 1.16 采用。

表 1.16　暖通设备图例

序号	名　称	图　例	备　注
1	散热器及手动放气阀	15　15　15	左图为平面图画法，中间为剖面图画法，右图为系统图、Y轴测图画法
2	散热器及控制阀	15　15 15　15	左图为平面图画法，右图为剖面图画法
3	板式换热器		

40

第 2 章　水暖工常用材料和机具

2.1　水暖工常用管材

2.1.1　管道尺寸的表示

公称直径是为了使管道、管件和阀门之间具有互换性而规定的一种通用直径，用符号 DN 表示，符号后面用数字注明公称直径的数值，单位是 mm。公称直径是控制管材设计及制造规格的一种标准直径，与管内径接近。

管材及管件的实际生产制造规格如下：

（1）阀门等附件，其公称直径等于其实际内径。

（2）内螺纹管件，其公称直径等于其内径。

（3）各种管材，其公称直径既不等于其实际内径，也不等于其实际外径，只是个名义直径。但无论管材的实际内径和外径的数值是多少，只要其公称直径相同，就可用相同公称直径的管件相连接，具有通用性和互换性。

无缝钢管、硬聚氯乙烯塑料管等的规格用外径表示，方法是管外径×壁厚，符号为 $D \times \delta$，单位为 mm。混凝土管的规格用内径表示，单位为 mm。

2.1.2　给水管材

1. 钢　管

（1）钢管的分类。

根据生产方式，有焊接钢管、无缝钢管之分。焊接钢管分为表面镀锌和不镀锌两种。根据钢管的壁厚，又分为普通焊接钢管、加厚焊接钢管两类。普通钢管出厂试验水压力为 2.0 MPa，用于工作压力小于 1.0 MPa 的管路；加厚钢管出厂试验水压力为 3.0 MPa，用于工作压力小于 1.6 MPa 的管路，其规格详见表 2.1。钢管可用于室内、室外的给水管道。

表 2.1　低压流体输送用焊接/镀锌焊接钢管规格

公称直径		外径		普通钢管			加厚钢管		
mm	in	外径/mm	允许偏差	壁厚		理论质量/（kg/m）	壁厚		理论质量/（kg/m）
				公称尺寸/mm	允许偏差		公称尺寸/mm	允许偏差	
8	1/4	13.5	±0.50mm	2.25	+12%−15%	0.62	2.75	+12%−15%	0.73
10	3/8	17.0		2.25		0.82	2.75		0.97
15	1/2	21.3		2.75		1.26	3.25		1.45
20	3/4	26.8		2.75		1.63	3.50		2.01
25	1	33.5		3.25		2.42	4.00		2.91
32	5/4	42.3		3.25		3.13	4.00		3.78
40	3/2	48.0		3.50		3.84	4.25		4.58
50	2	60.0		3.50		4.88	4.50		6.16
65	5/2	75.5		3.75		6.64	4.50		7.88
80	3	88.5	±1%	4.00		8.34	4.75		9.81
100	4	114.0		4.00		10.85	5.00		13.44
125	5	140.0		4.50		15.04	5.50		18.24
150	6	165.0		4.50		17.81	5.50		21.63

（2）钢管的性能。钢管具有机械强度高、承受内外压力高、抗震性能好、质量比铸铁管轻、接头少、内外表面光滑、容易加工和安装等优点。但是，抗腐蚀性能差，造价较高，在给水管道中已不再使用。另外，钢管镀锌的目的是防锈、防腐，不使水质变坏，延长使用年限。

2．不锈钢管

（1）不锈钢管的分类。根据生产方式，有不锈焊接钢管、不锈无缝钢管之分。根据管道壁厚，有厚壁不锈钢管和薄壁不锈钢管之分。主要用于室内给水管道和沿建筑外墙敷设的直饮水管道。

（2）薄壁不锈钢管的性能。薄壁不锈钢管由特殊焊接工艺处理而成，因其强度高，管壁较薄，造价降低，从而有效地推动了不锈钢管的应用和发展。其主要优点是：经久耐用、卫生可靠、防腐性能好、环保性能好、抗冲击能力强、韧性好、便于加工和安装。

常见的薄壁不锈钢管的连接方式有压缩式、压紧式、推进式及焊接与传统连接相结合的连接方式。

3. 给水铸铁管

（1）铸铁管的规格。根据材质不同，给水铸铁管分为给水灰口铸铁管和给水球墨铸铁管。两者相比，给水球墨铸铁管具有强度高、韧性大、密闭性能好、抗腐蚀性能优、安装施工方便等优点，已基本取代给水灰口铸铁管。常用给水铸铁管规格如表2.2所示。

表2.2　给水铸铁管规格

公称内径/mm	壁厚/mm		有效长度/m		质量/kg			
	低压	普压			低压		普压	
					3 m	4 m	3 m	4 m
75	9	9	3	4	58.5	75.6	58.5	75.6
100	9	9	3	4	75.5	97.7	75.5	97.7
125	9	9		4	119		119.9	
150	9	9.5		4	143		149	
200	9.4	10		4	196		207	

注：公称直径ϕ150 mm以上的还有长度为5 m和6 m两种规格。

（2）给水铸铁管的性能。铸铁管具有耐腐蚀性强、使用周期长、价格低廉等优点。因此，在管径大于70 mm时常用作埋地管道。其缺点是：性脆、质量大、长度小。主要用于室外给水管道。

铸铁管的连接形式有承插式、法兰式和柔性接口三种形式。我国生产的给水铸铁直管有低压（≤44.1 kPa）、普压（≤73.6 kPa）、高压（≤98.1 kPa）三种。

4. 塑料管

塑料管与传统金属管道相比，具有质量轻、耐腐蚀、耐压强度高、卫生安全、水流阻力小、节约能源、节约金属、使用寿命长、美观、安装施工方便等优点，在工程中广泛应用。

（1）硬聚氯乙烯塑料管（PVC-U）。硬聚氯乙烯塑料管常温下使用的压力为：0.6 MPa、0.9 MPa、1.6 MPa。管道的主要连接方式有承插式、黏合剂黏结式。

PVC-U管的特点：防腐性能好；具有自熄性和阻燃性；耐老化性能好；内壁光滑，降低流体流动阻力；质量轻，易加工；阻电性能良好；价格低廉；

但线膨胀系数大，管道系统中需要进行安装补偿器。

（2）聚乙烯塑料管（PE）。根据使用的聚乙烯原材料不同，聚乙烯塑料管分为 PE63 级（第一代）、PE80 级（第二代）、PE100 级（第三代）、PE112 级（第四代）管材。目前，给水系统中主要应用的是第二代和第三代。根据加工性能不同，聚乙烯塑料管又分为高密度 HDPE 管和中密度 MDPE 管。高密度 HDPE 管与中密度 MDPE 管相比，拉伸性能增强、剥离强度提高、软化温度升高，但脆性增加、柔韧性下降、抗应力开裂性下降。所以，工程中基本使用高密度 HDPE 管。

聚乙烯塑料管的性能：卫生条件好，无毒，不含重金属添加剂，无结垢，不滋生细菌，柔韧性好，抗冲击能力强。

聚乙烯塑料管的连接方式有电热熔连接、热熔对接焊、热熔承插连接三种方式，接口强度较高。

（3）无规共聚聚丙烯塑料管（PP-R）。无规共聚聚丙烯塑料管是对聚丙烯（PP）进行改性处理后制成，具有无毒、卫生、耐热、保温、原料可回收、因温度变化产生的膨胀力较小、管道阻力小等优点。与金属管道相比，其刚性和抗冲击力小，线膨胀系数大，抗紫外线能力差，在阳光长期直接照射下容易老化。一般用于冷热水系统、采暖系统、空调系统，以及其他工业建筑和设施。

无规共聚聚丙烯塑料管的连接方式有电热熔连接、热熔对接焊、法兰连接、螺纹连接四种方式。

（4）聚丁烯塑料管（PB）。聚丁烯塑料管是一种高分子惰性聚合物，其密度处于其他热塑性材料（如 PE 或 PP）范围之内。PB 是由丁烯聚合而成，所以是一种生态碳水化合物，它具有很高的耐温性、持久性、化学稳定性和可塑性。聚丁烯塑料管主要用于热水管道系统。

（5）ABS 管。ABS 树脂是在聚苯乙烯树脂的基础上发展起来的三元共聚物，由丙烯腈、丁二烯、苯乙烯三种元素组成，其中 A 代表丙烯腈、B 代表丁二烯、S 代表苯乙烯。

ABS 管是一种新型的耐腐蚀管道，它在一定的温度范围内具有良好的抗冲击强度和表面硬度，综合性能好，易于成型和机械加工，表面还可镀铬。由于它兼有 PVC 管的耐腐蚀性能和金属管道的力学性能，适用于高标准水质的管道输送。其连接方法主要采用冷胶溶接法。

5. 铜　管

（1）铜管的分类。铜管按材质的不同可分为紫铜管、黄铜管、青铜管。

紫铜管根据是否覆塑又分为紫铜光管、紫铜覆塑冷水管和紫铜覆塑热水管。铜管一般用于水质要求高的给水系统。

（2）铜管的性能。铜管经久耐用，化学性能稳定，耐腐蚀、耐热；力学性能好，耐压强度高，韧性好，延展性能好，便于加工安装；使用卫生条件好，对某些细菌具有生长抑制作用，可保证水质的安全。根据其性能特点，其连接方式有螺纹连接、钎焊承插连接、卡箍式机械挤压连接三种。

6. 复合管

（1）铝塑复合管。铝塑复合管由五层组成，外壁和内壁为化学交联聚乙烯，中间为薄铝板，铝板与聚乙烯之间是黏结层。铝塑复合管是一种集金属与塑料优点为一体的新型管材，既有铝管的强度和塑性，又能避免环境的腐蚀。

（2）超薄壁不锈钢塑料复合管。超薄壁不锈钢塑料复合管是一种外层使用超薄壁不锈钢管，内层使用塑料管，中间使用黏结层复合的新型管材。

超薄壁不锈钢塑料复合管的性能特点是：外层不锈钢管壁更薄，内衬塑料管壁厚也减少，主材价格进一步降低；表面不锈钢使塑料管与外界隔绝，克服塑料易老化、氧化的缺点，又提高了塑料管的阻燃性能与承压能力。其连接方式可采用薄壁不锈钢管的连接方式。

（3）钢塑复合管。钢塑复合管分为给水涂塑复合钢管和给水衬塑复合钢管。钢塑复合管的主要特点是既有金属的坚硬、刚直不易变形、耐热、耐压、抗静电的特点，又有塑料耐腐蚀、不生锈、不易产生水垢、管壁光滑、容易弯曲、保温性能好、清洁无毒、自重轻、施工方便、使用寿命长的优点。根据覆层的材质不同，可分别用于给水和热水系统。

2.1.3 排水管材

1. 柔性接口机制排水铸铁管

传统的排水铸铁管采用砂模铸造，因管壁较薄，不能承受较大压力，已成为淘汰对象。柔性接口机制排水铸铁管采用离心铸造法铸造，管壁无砂眼和气孔，组织致密度高，壁厚均匀，管壁光滑，具有承压高、水流噪声小、接口不易漏水、耐高温、寿命长、可曲挠性强等优点。采用柔性接口机制排水铸铁管，具有抗震动性能强的特点，可用于有横向位移的场所，如高层建筑、抗震设防较高的建筑。该类产品有 DN50、DN75、DN100、DN125、DN150、DN200 几种规格。

2. 硬聚氯乙烯塑料排水管（UPVC 管）

硬聚氯乙烯塑料管是以聚氯乙烯树脂为主要加工原料，加入稳定剂、润滑剂等助剂后，经挤压成型而得。

硬聚氯乙烯塑料管具有质量轻（密度为 $1.35 \sim 1.6 \ g/cm^3$）、水流阻力小、耐腐蚀、加工方便、节约金属材料、外表美观等优点，在排水系统中大力推广使用。但硬聚氯乙烯塑料管的线膨胀系数较大，在环境温度和污水温度的影响下，会引起一定的伸缩量，在安装时必须采用相应的补偿措施。

硬聚氯乙烯塑料管一般采用承插式连接，并采用专用胶黏剂黏结。

3. 排水立管用 UPVC 螺旋管

采用和前述普通排水管相同的管材和管件，但在加工立管时，将内壁挤压出凸起的三角形螺旋肋，该凸起能引导向下的水流紧贴管壁做螺旋状运动，保证管道中心的气体流通顺畅，明显降低了立管内气体的压力波动，增大了立管的排水能力。为保证水流呈螺旋状下降，立管之间不能连通，必须使用配套的三通、四通管件连接直管和立管。

2.2 水暖工常用管件

管道系统中管道管件主要是指用于直接连接转弯、分支、变径以及用作端部等的零部件，包括弯头、三通、四通、异径管接头、管箍、内外螺纹接头、活接头、快速接头、螺纹短节、加强管接头、管堵、管帽、盲板等（不包括阀门、法兰、螺栓、垫片）。

2.2.1 给水管道管件

1. 钢管管件

钢管可采用螺纹连接，螺纹连接配件的形式如图 2.1 所示。室内生活给水管道应用镀锌配件，镀锌钢管必须用螺纹连接，多用于明装管道。

钢管管径大于或等于 DN100 的管道，则更适合采用卡箍式（沟槽）管件连接，如图 2.2 所示，一般用在消防给水系统的管道连接，以及城镇供水、生产给水、污废水排放等系统的管道连接。

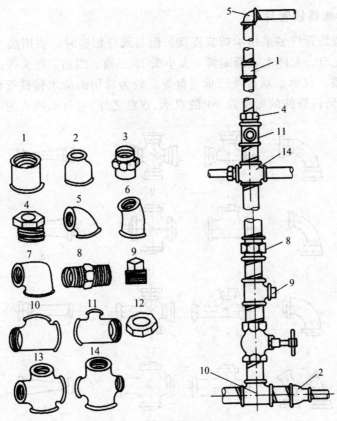

图 2.1 钢管管件

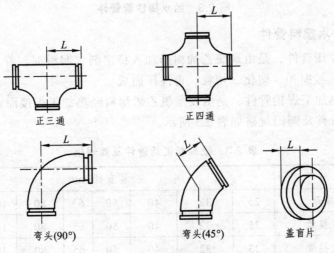

正三通

正四通

弯头(90°)

弯头(45°)

盖盲片

图 2.2 卡箍连接管件

2. 给水铸铁管件

给水铸铁管件多采用承插式连接，但与阀件相连时，要用法兰连接。管件从种类上分，大体上有渐缩管（大小头）、三通、四通、弯头等；从形式上可分为承插、双承、双盘及三承三盘等。较为常用的给水铸铁管件如图 2.3 所示。给水铸铁管件的弯头除 90°的双承、双盘之外，还有承插式的 45°、22.5°。

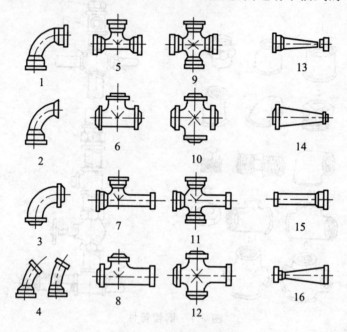

图 2.3 给水铸铁管管件

3. 给水塑料管件

（1）注压管件，是由聚氯乙烯树脂加入稳定剂、润滑剂、着色剂及少量增型剂后，经捏和、塑化、切粒，再注压而成。

（2）热加工焊接管件，是由硬聚氯乙烯塑料经热加工焊接而成。

（3）管件及阀门规格如表 2.3 所示。

表 2.3　硬聚氯乙烯管件及其规格

品　种	公称直径/mm							
管接螺母	25	32	40	50	65	80	100	
带凸缘接管	25	32	40	50	65	80	100	
带螺纹接管	25	32	40	50	65	80	100	

品　种	公称直径/mm							
活套法兰	25	32	40	50	65	80	100	
带螺纹法兰	25	32	40	50	65	80	100	150
带承插口 90°肘形弯头						80	100	
带承插口 T 形三通						80	100	
带螺纹 90°肘形弯头	25	32	40	50	65			
带螺纹 T 形三通	25	32	40	50	65			
带螺纹大小头	25/32	32/40	40/50					

注：管接螺母带凸缘接管及带螺纹接管应配套使用。

2.2.2　排水管道管件

1. 柔性接口机制排水铸铁管道管件

柔性接口机制排水铸铁管的管件种类式样很多，如图 2.4 所示。

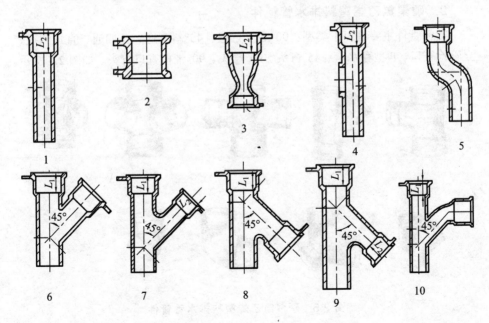

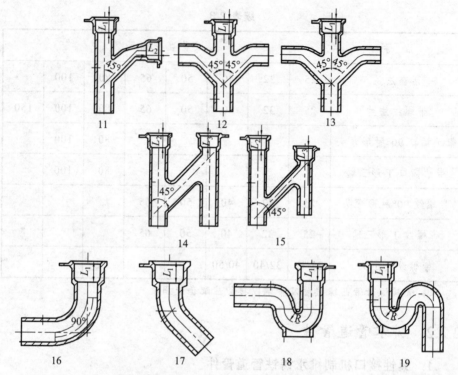

图 2.4　柔性接口机制排水铸铁管道管件

2. 硬聚氯乙烯塑料排水管管件

　　塑料管件主要有以下类型：90°顺水三通、45°斜三通、正四通、直角四通、立管检查口、P型存水弯、45°弯头、90°弯头、90°带检查口弯头。如图2.5所示。

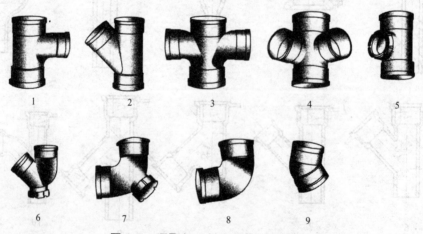

图 2.5　硬聚氯乙烯塑料排水管管件

2.3 常用阀门及管道附件

2.3.1 阀门的种类和型号

1. 阀门的种类

阀门的种类繁多，按输送介质可分为煤气阀、水蒸气阀和空气阀等；按材质可分为铸铁阀、铸钢阀、锻钢阀、钢板焊接阀等；按输送介质温度可分为低温阀和高温阀等；按压力等级可分为低压阀、中压阀和高压阀等；按用途分主要有：

（1）用于启闭管道介质流动，如旋塞阀、闸阀、截止阀和球阀等。

（2）用于自动防止管道内介质的倒流，如止回阀和底阀等。

（3）排出管内空气，同时也起进气作用，如排气阀。

（4）用于启闭或调节管道内介质作用，如蝶阀。

（5）其他种类，如节流阀、安全阀、液压阀和疏水器等。

2. 阀门的型号

为便于阀门的选用，根据国家标准，每种阀门都有一个特定型号，用来说明类别、驱动方式、连接形式、结构形式、密封面或衬里材料、公称压力及阀体材料。如 Z45T—10 表示闸阀（手动省略）、法兰连接、暗杆楔式单闸板、铜密封、公称压力，阀体灰铸铁（未注明）。

阀门型号由七个单元组成，按下列顺序编制。

（1）阀门类别。用汉语拼音字母表示。

（2）驱动方式。用一位阿拉伯数字表示。

（3）连接形式。用一位阿拉伯数字表示。

（4）结构形式。用一位阿拉伯数字表示。结构形式最为复杂，不同种类的阀门有相应的结构形式。

（5）密封面或衬里材料。用拼音字母表示。

（6）公称压力。用横线"—"与前面内容分开。

（7）阀体材料。

3. 阀门的标志和识别涂漆

阀门的标志和识别涂漆是为了便于从外部判断、区别阀门，以利于阀门的保管、验收和正确安装，避免发生差错。

（1）阀门的标志。在阀体正面中心标志出公称压力或工作压力以及公称直径和介质流动方向的箭头，箭头下方为阀门的公称直径。闸阀、球阀、旋塞阀可不标箭头。球阀、旋塞阀、蝶阀的阀杆或塞子的方头端面应有指示线，以示通道位置。

（2）阀门识别涂漆。表示阀体材料的涂漆，涂在阀体和阀盖的不加工表面上，识别涂色见表 2.4。表示密封面材料的涂漆，涂在手轮、手柄或扳手上，识别涂色见表 2.5。有衬里材料的阀门，涂漆应涂在其连接法兰的外圆表面上，识别涂色见表2.6。

表2.4 阀体材料识别涂色

阀体的材料	灰铸铁、可锻铸铁	球墨铸铁	碳素钢	耐酸钢或不锈钢	合金钢
识别涂漆的颜色	黑色	银色	灰色	浅蓝色	中蓝色

表2.5 密封面材料识别涂色

阀体密封零件材料	识别涂漆的颜色	阀体密封零件材料	识别涂漆的颜色
青铜或黄铜	红色	硬质合金	灰色周边带红色条
巴氏合金	黄色	塑料	灰色周边带蓝色条
铝	铝白色	皮革或橡皮	棕色
耐酸钢或不锈钢	浅蓝色	硬橡皮	绿色
渗氮钢	淡紫色	直接在阀体上制作密封面	同阀体的涂色

表2.6 衬里材料识别涂色

阀体的材料	搪瓷	橡胶或硬橡胶	塑料	铝锑合金	铝
识别涂漆的颜色	红色	绿色	蓝色	黄色	铝白色

2.3.2 给水管道附件

1. 配水附件

配水附件与卫生器具或用水点放水配套安装，是各种形式的水龙头（又称水嘴）。其主要作用是分配和调节给水流量。

（1）球形阀（旋压）式水嘴。球形阀式配水龙头是过去最常见的普通水龙头，装在洗涤盆、盥洗槽、拖布盆上和集中供水点，但由于水流阻力大，密封处容易磨损，关闭不严造成的漏水量很大，现已属淘汰产品。

（2）旋塞式水嘴。旋塞式水嘴适用于开水炉、沸水器、热水桶上需要迅速启闭的场所，或用于压力不大的较小的给水系统中。其特点是水流阻力小，

旋塞旋转 90°即可获得最大流量，但过快的关闭容易造成系统的水击，如图
2.6 所示。

（3）瓷片式普通水嘴。该水嘴内部有两片同轴的轴向开有小孔的瓷片，
一片固定，一片通过手柄带动其绕轴线转动，根据两个小孔的重合程度，确
定水流量的大小。该水嘴的密封是通过瓷片的紧密配合实现的，由于瓷片的
耐磨程度高，所以该水嘴的密封效果好，使用寿命长，可用于各种冷热水管
道上，如图 2.7 所示。

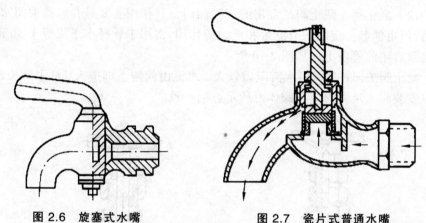

图 2.6　旋塞式水嘴　　　　　　图 2.7　瓷片式普通水嘴

（4）混合水嘴。混合水嘴装在洗脸盆、浴盆上作为调节混合冷热水之用。
混合水嘴种类很多，图 2.8 所示是洗脸盆上用的一种混合水嘴，为双把手。
此外，还有单把手混合水嘴、肘式开关混合水嘴和脚踏式开关混合水嘴。

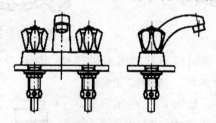

图 2.8　洗脸盆混合水嘴

（5）电子自动水嘴。电子自动水嘴使用时手不需接触水嘴，只需将手伸
至出水口下方，即可自动出水，常用于需要卫生安全和节水的公共场所。由
于其能量消耗不大，现已广泛采用。

2.　控制附件

控制附件是用来调节水压、调节管道水流量大小、启闭水流、控制水流

方向的各种阀门。常用的有闸阀、截止阀、蝶阀、止回阀、底阀、自动水位控制阀、安全阀、减压阀等。

（1）闸阀。闸阀又称闸板阀，是一种常用的阀门，其作用是启闭水流通路，适于全开全闭。在管径大于 50 mm 或双向流动的管段上，宜采用闸阀。闸阀主要分楔式与平行式两种，如图 2.9 所示。

闸阀全开时水流呈直线通过，流动阻力较小，但水中杂质沉积阀座时，阀板不能关闭到底，容易产生磨损和漏水现象。

（2）截止阀。截止阀是常用的一种阀门，其作用主要是开启或关闭水流通路，但也能起一定的调节流量和压力的作用。常用于管径小于或等于 50 mm 和经常启闭的管段上，如图 2.10 所示。

截止阀关闭严密，但水流阻力较大。水流由阀瓣下部进入，从上部流出，所以安装时水流方向应与阀体上所示方向一致。

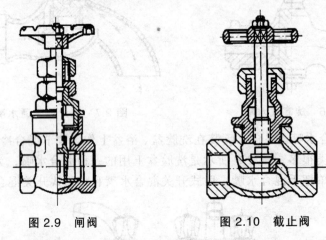

图 2.9　闸阀　　　　　　　　　图 2.10　截止阀

（3）蝶阀。蝶阀的阀板为盘状圆板启闭件，绕自身中轴线旋转，通过改变阀板与管道轴线的夹角，从而改变流通阀门的水流量的大小，如图 2.11 所示。蝶阀具有结构简单、尺寸紧凑、启闭灵活、开启度指示清楚、水流阻力小等优点，可安装在空间较窄小的场所。

（4）止回阀。止回阀又称单向阀、逆止阀，其作用是只允许水流向一个方向流动，不能反向流动。可分为升降式（a）和旋启式（b）两种，如图 2.12 所示。

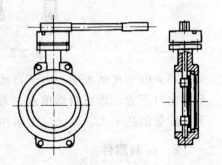

图 2.11　蝶阀

54

旋启式止回阀可水平安装或垂直安装，垂直安装时水流只能朝上而不能朝下；升降式止回阀在阀前压力大于 19.62 kPa 时，方能启闭灵活，并只能安装在水平管道上。

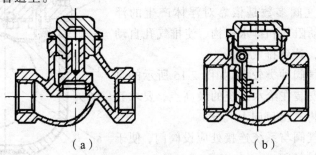

（a）   （b）

图 2.12　止回阀

（5）底阀。吸水底阀也属于止回阀类，装于水泵吸水管端部。有内螺纹连接与法兰连接两种方式，图 2.13 为内螺纹连接的一种底阀。

（6）自动水位控制阀。自动水位控制阀是用在水箱或水池进水管上，能根据水位的高度自动进水和自动关闭的阀门，常用的有浮球阀（见图 2.14）、液控浮球阀、活塞式液压水位控制阀、薄膜式液压水位控制阀。安装时水位控制阀的公称直径应与进水管管径一致。

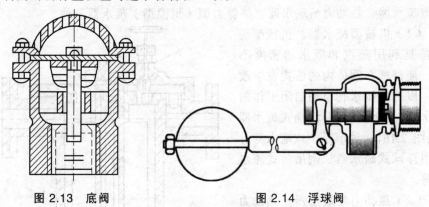

图 2.13　底阀　　　　　　　　图 2.14　浮球阀

（7）安全阀。安全阀是保证系统和设备安全的阀件，有杠杆式和弹簧式两种。其作用是避免管网和其他设备中压力超过规定值而使管网、用具或密闭水箱受到破坏。

（8）减压阀。其作用是将阀前较高的压力降低，满足阀后的压力需求。在高层建筑的冷热水给水系统和消防给水系统中，减压阀应用广泛。根据结构形式和功能特点，减压阀可分为活塞式比例减压阀和可调式（弹簧式）减压阀。

2.3.3 热水及采暖管道附件

1. 自动排气阀

自动排气阀多数是依靠对浮体产生的浮力，通过自动阻气和排水机构，使排气孔自动打开或关闭，达到排气目的。

自动排气阀种类较多。如图 2.15 所示的自动排气阀，安装在给水系统的最高点，要求其阀体竖直，排气出口向上。

自动排气阀与系统连接处应设阀门，便于检修和更换排气阀。

2. 疏水器

疏水器安装于蒸汽供暖系统加热设备的末端，其作用是自动阻止蒸汽的逸漏，迅速地排出散热设备及管网中的凝结水，同时排出系统中的空气和其他不凝性气体。

疏水器的种类很多，按工作原理可分为机械型疏水器、热动力型疏水器、热静力型（恒温型）疏水器三种。

（1）机械型疏水器。机械型疏水器是利用蒸汽和凝水的密度不同，使浮桶在阀体内的位置发生改变，以控制排水孔自动启闭工作的疏水器。主要产品有浮桶式疏水器（见图 2.16）、钟形浮子式疏水器、自由浮球式疏水器、倒吊筒式疏水器等。

（2）热动力型疏水器。热动力型疏水器是利用蒸汽和凝水进入疏水器时，在阀片上下产生压力差，使阀片上升或下降，达到阻气排水的作用。主要产品有脉冲式疏水器、热动力式疏水器（见图 2.17）、孔板或迷宫式疏水器等。

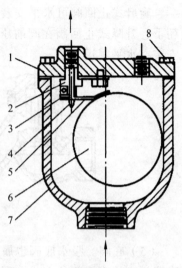

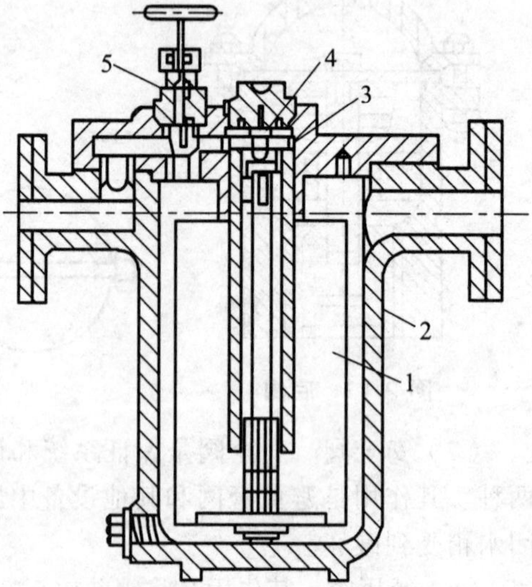

图 2.15 ARSX、ARSH 型单杆式微量排气阀

1—阀盖；2—阀座；3—杆架；
4—塞头；5—杠杆；6—浮球；
7—阀体；8—螺栓

图 2.16 浮桶式疏水器

1—浮筒；2—外壳；3—顶针；
4—阀孔；5—放气阀

热动力型疏水器具有结构简单、体积小、使用寿命长、检修方便、运行可靠、排除气体容易等优点，其自身还有止回阀的作用，是工程上选用较多的类型，但在使用过程中有一定噪音，不适用于安静的场所。

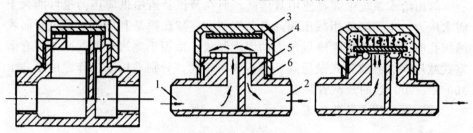

图 2.17　热动力式疏水器

1—蒸汽、凝结水进口；2—凝结水出口；3—阀片；
4—阀帽；5—阀孔；6—阀体

（3）热静力型（恒温型）疏水器。热静力型（恒温型）疏水器是利用膨胀元件在温度不同时体积的变化来进行工作的疏水器。主要产品有波纹管式疏水器、双金属片式疏水器和液体膨胀式疏水器、LF 型疏水器（见图 2.18）等。LF 型疏水器具有疏水能力大、不漏蒸汽、无噪音、有可调性并能连续稳定排水的优点。

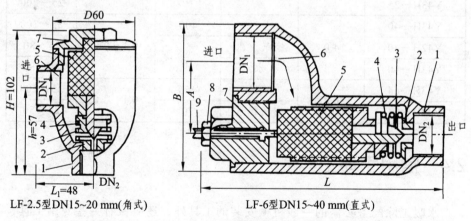

LF-2.5型DN15~20 mm(角式)　　　　　LF-6型DN15~40 mm(直式)

图 2.18　LF 内螺纹连接疏水器

3. 安全阀

安全阀是用于锅炉、压力容器等有压设备和管道上的自动泄压装置。当系统的压力超过设计规定的最高允许值时，阀门自动开启放出蒸汽，直至压力回降到允许值才会自动关闭，可以对设备、管道等起安全保护作用。根据构造不同，安全阀可分为杠杆式安全阀、弹簧式安全阀、脉冲式安全阀。

4. 减压阀

前面给水系统中需要使用减压阀，而在蒸汽管道中供应压力也可能大于需求压力，也需要使用减压阀降低蒸汽压力。减压阀是利用蒸汽通过断面收缩阀孔时因能量损失而降低压力的原理制成，适用于蒸汽介质的减压阀有活塞式减压阀、波纹管式减压阀、薄膜式减压阀，分别适用于工作温度不高于 300 ℃、200 ℃ 的蒸汽管路上。

减压阀的技术参数如表 2.7 所示。

表 2.7　减压阀技术参数

型号	公称压力 PN/MPa	适用介质	适用温度 /(≤ ℃)	出口压力 /MPa	公称通径 DN/mm
Y44T—10	1.0	蒸汽、空气	180	0.05～0.4	20～50
Y43X—16	1.6	空气、水	70	0.05～1.0	25～300
Y43H—16		蒸汽	200		20～300
Y43H—25	2.5		350	0.1～1.6	25～300
Y43H—25		空气、水			25～100
Y43H—25		水	70		25～200
Y43H—40	4.0	蒸汽	400	0.1～2.5	25～200
Y42H—40		空气、水			25～80
Y43H—40		水	70		20～80
Y43H—64	6.4	蒸汽	450	0.1～3.0	25～100
Y42H—64		空气、水	70		25～50

2.4　常用手动工具

水暖工除配备必需的一般机械安装的工具外，还应该有一些专用工具，进行管道固定、切割、弯管、加工螺纹等操作。

1. 管　钳

管钳是安装和修理管道时夹持和旋动各种管子和管件的主要工具，也可扳动圆形工件。管钳由钳柄、套夹和活动钳口组成，开口尺寸可以调节。管钳的规格如表 2.8 所示。

表 2.8　管钳的规格

长度/mm	150	200	250	300	350	450	600	900	1 200
夹持管子最大外径/mm	20	25	30	40	45	60	75	85	110
负荷/N	100	200	330	500	650	850	1 100	1 800	2 500

使用管钳时，需两手动作协调，松紧适度，防止打滑。扳动管钳钳柄时，不要用力过大，更不允许在钳柄上加套管。当钳柄末端高出使用者头部时，不得使用正面拉吊的方式扳动钳柄。管钳不得用于拧紧六角螺母和带棱的工件，也不得将它作撬杠和手锤使用。管钳的钳口上通常不应沾油，但在长期不用的时候应涂油保护。

2. 链 钳

链钳即链条式管钳，多用于直径较大的管件和管钳伸不进去的狭窄处的管件安装。链钳由手柄（钳把）、钳头和链条组成。链钳规格及其适用范围如表 2.9 所示。

表 2.9　链钳规格及适用管子直径范围

规格/mm	900	1 000	1 200
适用管径 DN/mm	40～120	40～150	>150

3. 台虎钳

常用台虎钳是由固定钳口与活动钳口两部分组成。固定钳口用螺栓固定在工作台上，且本身有一方孔，用来插入活动钳口。活动钳口除了有钳口外，还有一穿心丝杠，丝杠的旋转运动可调整活动钳口与固定钳口的间距。当台钳夹住某一工件时，旋转丝杠，两钳口间距越小，则将被夹的工件夹得越紧，如图 2.19 所示。

固定式　　　　转盘式

图 2.19　台虎钳

台虎钳的规格以钳口的宽度表示，常用的有 75 mm、100 mm、125 mm、150 mm、200 mm 五种。

4. 管子割刀

管子割刀又称割管器，用于切割各种金属管道。它是在弓形刀架的一端装一块圆形刀片，刀架另一端装有可调的螺杆，螺杆的一端装有两个托滚。当转动螺杆另一端的手柄时，可控制托滚前进或后退，使被割的管子靠紧或离开刀片。割管时，可转动手柄，将管子挤压在刀片上，再扳转刀架绕管子旋转，将管壁切出沟痕来，每进刀（挤压）一次绕管子旋转一次，如此不断加深沟痕，便可切断管子。其构造如图2.20所示。

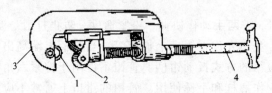

图 2.20 管子割刀

1—圆形刀片；2—托滚；3—刀架；4—手柄

管子割刀规格如表2.10所示。

表 2.10 管子割刀规格

型 号	1	2	3	4
切割管子公称直径/mm	≤25	12～50	25～80	50～100

5. 管压力钳

管压力钳又称龙门压力钳，由上下两部分组成。上半部分是一个龙门架式的结构物，此结构物上设有丝杠，丝杠下端有凹型牙槽，丝杠旋转，往下运动时，即产生压力，压紧钢管。下半部分为一个钢座，钢座上设一凹型牙槽，此牙槽与上半部分的牙槽相对应，夹住钢管，如图2.21所示。管压力钳的规格如表2.11所示。

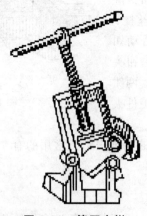

图 2.21 管压力钳

表 2.11　管压力钳的规格

规格（号数）	1	2	3	4
夹持管子直径/mm	10～73	10～89	13～114	17～165

6. 手动弯管器

手动弯管器的结构形式较多，常用的有固定式手动弯管器和携带式手动弯管器两种。图 2.22 是一种固定式手动弯管器，用螺栓固定在工作台上使用。可以把 DN32 以下的管子插入与管子外径吻合的定胎轮和动胎轮之间，一端夹持固定，推动手柄，带动管子绕定胎轮转动，把管子弯曲到所需的角度为止。一对胎轮只能弯曲一种管径的管子。图 2.23 是一种携带式手动弯管器。

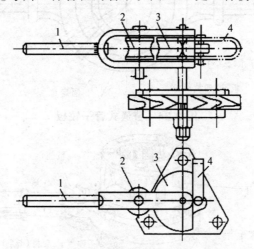

图 2.22　固定式手动弯管器

1—手柄；2—动胎轮；3—定胎轮；4—管子夹持器

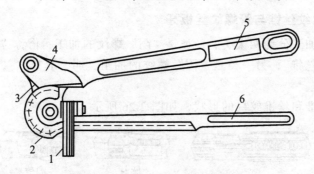

图 2.23　携带式手动弯管器

1—活动挡板；2—弯管胎；3—连板；4—偏心弧形槽；5—离心臂；6—手柄

7. 管子铰板

管子铰板又称代丝、板牙架，是手工铰制外径为 6～100 mm 的各种钢管外螺纹的主要工具，常用的有普通式（见图2.24）和轻便式（见图2.25）两种。

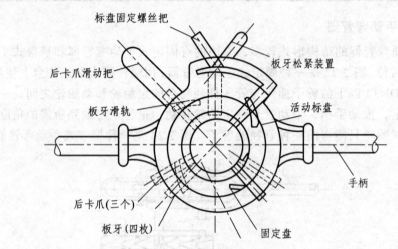

图 2.24　普通式管子铰板

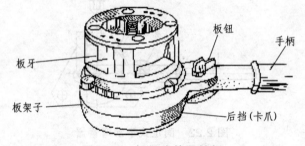

图 2.25　轻便式管子铰板

8. 管螺纹丝锥与管螺纹丝板牙

螺纹的加工分为两大类，一类是"阴"螺纹的加工，俗称"攻丝"，所用的工具叫"丝锥"；另一类是"阳"螺纹的加工，叫"套螺纹"，所用的工具叫"套丝板"。

常用丝锥和丝锥绞杠的形状，如图2.26所示。

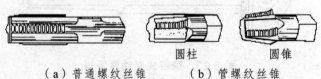

（a）普通螺纹丝锥　　　（b）管螺纹丝锥

（c）丝锥绞杠

图 2.26　丝锥和丝锥铰杠

板牙有圆板牙和管螺纹板牙两种，分别如图 2.27 和图 2.28 所示。

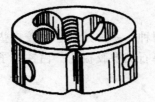

（a）粗牙　　　　　　　（b）细牙

图 2.27　圆板牙的形状

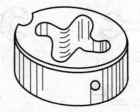

图 2.28　管螺纹板牙的形状

9. 钳　子

常用的钳子有钢丝钳、电工钳、鲤鱼钳、水泵钳、尖嘴钳等几种，如图 2.29 所示。

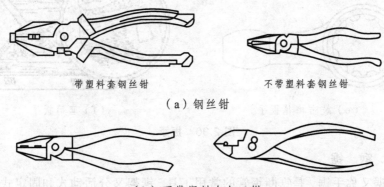

带塑料套钢丝钳　　　　　　　　不带塑料套钢丝钳

（a）钢丝钳

（b）不带塑料套电工钳

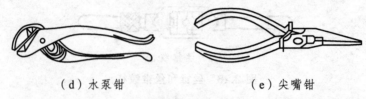

（d）水泵钳   （e）尖嘴钳

图 2.29　钳子

10. 剪　刀

管道工程施工中常用的剪刀有两种，一种是用于剪胶皮垫、薄石棉胶板的剪刀；另一种是用于剪薄铁皮、厚石棉橡胶板的"白铁剪子"。

11. 扳　手

常用扳手的种类有双头呆扳手、单头呆扳手、梅花扳手、单头梅花扳手、敲击呆扳手、敲击梅花扳手和套筒扳手等，如图 2.30 所示。

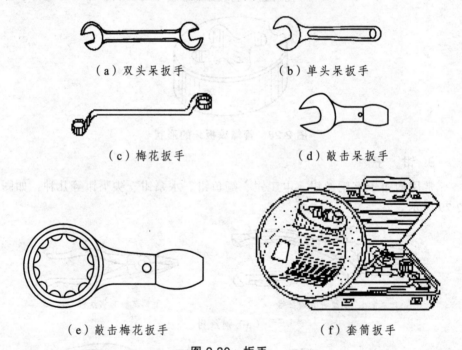

（a）双头呆扳手　　　　　　　（b）单头呆扳手

（c）梅花扳手　　　　　　　　（d）敲击呆扳手

（e）敲击梅花扳手　　　　　　（f）套筒扳手

图 2.30　扳手

12. 钢　锯

钢锯又称手锯，是锯断钢管的常用工具。锯架又分活动式和固定式两种；锯条分粗、中、细三种。钢锯条规格如表 2.12 所示。

表 2.12　钢锯条规格

种类	长度 /mm	厚度 /mm	宽度 /mm	齿距 /mm
手用	300	0.64	12, 13	0.8, 1, 1.2, 1.4, 1.8
机用	300	1.20	18	2.5
	300	1.20	25	2.5
	350	1.20	25	2.5, 3
	350	1.70	32	3, 4
	400	1.70	32	4
	450	2.00	38	4.5

13. 錾　子

錾子又叫扁铲，用于去除工件或金属切削后的毛刺、飞边以及分割材料，是管道工常用的工具。

錾子由头部、切削部及錾身三部分组成，如图 2.31 所示。头部有一定的锥度，顶端略带球形，以便锤击时作用力容易通过錾子中心线，使錾子保持平稳。錾身多数呈八棱形，以防止錾削时錾子转动。

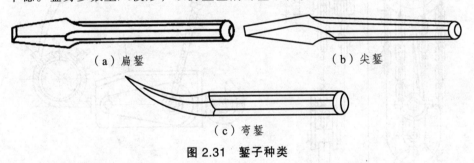

（a）扁錾　　　　　　　　　　（b）尖錾

（c）弯錾

图 2.31　錾子种类

14. 捻　凿

捻凿俗称打口錾子，用于铸铁管承插式接口打麻（水泥）。捻凿呈"乙"字弯形，多用工具钢打造而成。这种捻凿一端呈扁方形（齐头），另一端是工具钢的原断面，如图 2.32 所示。

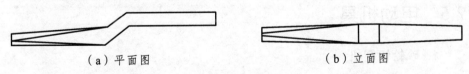

（a）平面图　　　　　　　　　　（b）立面图

图 2.32　捻凿

15. 手动葫芦

手动葫芦（俗称吊链）是靠人力起吊和拉运重物的起重工具，常用的有链条式手拉葫芦（或称链式吊链）和钢丝绳式手扳葫芦两种。

手拉葫芦是以链条（圆环链）作为手拉链，可以垂直提升重物，也可以横拉重物，使用范围很广。它由链条、链轮、差动齿轮（或蜗轮、蜗杆）等组成。SH 型手拉葫芦起质量为 0.5~20 t，其外形如图 2.33 所示。

钢丝绳式手扳葫芦广泛用于装卸货物、牵引机车、拉出陷入泥坑的汽车、架设高电杆或烟囱，以及在高低不平、狭窄之处和其他起重设备达不到的地方作起吊、牵引之用。并且可以起吊和牵引水平、垂直、倾斜及任意方向的重物，钢丝绳的长度也不受限制，其外形如图 2.34 所示。

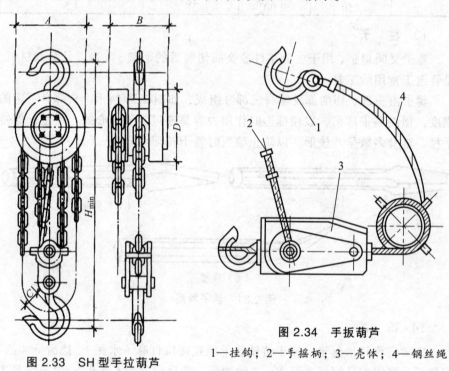

图 2.33 SH 型手拉葫芦

图 2.34 手扳葫芦

1—挂钩；2—手摇柄；3—壳体；4—钢丝绳

2.5 电动机具

1. 砂轮切割机

砂轮切割机是由电动机带动砂轮片高速旋转来切割金属管子的电动机具，其效率高，切割管子断面光滑，出现的少量飞边，用锉刀即可除去。在工程中常用来取代手工切割。

66

2. 电动割管机

电动割管机的构造如图 2.35 所示。

当割管机装在被切割的管子上后，通过夹紧机构把它紧夹在管体上。对管子的切割分两部分来完成，一部分是由切割刀具对管子进行铣削，另一部分是由爬轮带动整个割管机沿管子爬行进给。刀具切入或退出由操作人员通过操纵进刀机构的手柄来实现。这种割管机具有体积小、质量轻、切割效率高、切割面平整等优点。

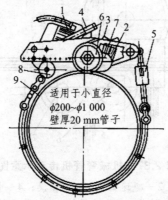

图 2.35　电动割管机结构示意图

1—电动机；2—变速箱；3—爬行进给离合器；4—进刀机构；5—爬行夹紧机构；
6—切割刀具；7—爬轮；8—导向轮；9—被切割的管子

3. 电动弯管机

电动弯管机种类及结构形式也很多，其弯管示意图如图 2.36 所示。

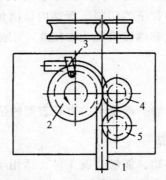

图 2.36　电动弯管机弯管示意图

1—管子；2—弯管模；3—U 形管卡；4—导向模；5—压紧模

弯管时，使用的弯管模、导向模和压紧模必须与被弯管子的外径相符，

67

以免管子产生不允许的变形。

4. 机械弯管机

机械弯管机如图 2.37 所示。

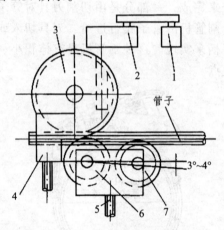

图 2.37 机械弯管机传动示意图

1—电动机；2—减速器；3—弯管模；4—管子夹头；
5—丝杠；6—压紧轮；7—导向轮

弯管时，将管子用管子夹头紧固在管模上，使压紧轮和导向轮与管子相接触，并用压紧轮压紧，启动电动机使弯管模转动，即可使管子弯曲至所需要的弯曲角度。

5. 套螺纹机

套螺纹机适用于各种管子的切割、管端内口倒角和对管子及圆钢套外螺纹。常用的套螺纹机最大套螺纹直径为 DN80，切断管子最大直径为 DN80，倒口内最大角度为 3°。

6. 冲击电钻

冲击电钻主要用于砖墙、混凝土、岩石表面的钻孔、开槽等。

7. 手枪电钻和手电钻

这类钻孔工具可以移动，能够迁就工件，适用于不便在固定钻床上加工的金属材料的钻孔和检修安装现场钻孔。

第 3 章 水暖工基本操作技术

3.1 管子切割

在管道的施工及维修过程中，需要根据施工现场的需要，对管子进行切割加工。切割时可根据不同的材质、不同的口径，选用不同的切割方法。常见的切割方法分为手工切割、机械切割和气割。

3.1.1 手工切割

手工切割用于小管径、小批量管子的切割。常用的方法是手工剧割、割管器切割、錾切法。

1. 手工剧割

手工剧割即用手锯切断管子。在使用细齿锯条时，因齿距小，几个锯齿同时与管壁的断面接触，锯齿吃力小，而不致卡掉锯齿，较省力，但切断速度慢，适于切断 DN40 以下的管材。使用粗齿锯条时，锯齿与管壁面接触的齿数较少，锯齿的吃刀量大，容易卡掉锯齿，较费力，但切断速度快，适用于切断 DN50 ~ DN150 的钢管。为了防止将管口锯偏，可在管壁上预先画好线。画线方法是用整齐的厚纸板或油毡（样板）紧贴在管壁上，用石笔或铅笔在管子上沿样板画一周即可。

切割时，锯条应保持与管子轴线垂直，如此才能使切口平直。如发现锯偏时，应将锯弓转换方向再锯。锯口要锯到底部，不应把剩下的一部分折断，以防管壁变形。

2. 割管器切割

割管器切割即用割管器切断管子。一般用于切割 DN50 以下的管子。此种割法比锯条切割管子速度快，切割断面也较平直，缺点是管道受滚刀挤压，管径缩小。因此，在切割后，需用铰刀刮去其缩小部分。切割时，如进刀浅，则管径收缩较小，此时可用三角刮刀代替铰刀修刮管口。

3. 錾切法

錾切主要用于铸铁管和混凝土管等材质较脆的管子，但不能用于易碎的玻璃管、塑料管。

錾切采用的工具为扁凿（或窄凿）和榔头。在管子切断处垫上木条，转动管子用凿子沿切线轻凿一两圈以刻出线沟，然后沿线沟用木棍用力敲打，同时不断地转动管子，连续敲打几圈后直至管子折断为止。錾切时，人站在管子侧面。大口径管子可由两人操作，一人打锤，一人掌握凿子，手握凿子要端正，凿子与被切割管子角度要正确，千万不要偏斜，以免打坏凿子。管子的两端不允许站人，操作人员应戴防护眼镜，以避免飞溅出的铁片碰伤脸或眼睛。

3.1.2 机械切割

机械切割用于大批量、大直径管子的切割。常用的方法是机锯切割、液压切割、自动割管机切割、空气等离子切割机切割等。

1. 机锯（无齿锯）切割

机锯切割是利用砂轮切割机高速旋转的砂轮片，以磨削的方式切割管子。使用机锯切断时，将管子固定在锯床上，锯条对准切断线即可切断。当铸铁管滚动锯割时，可先将管壁上划线滚锯出锯槽，然后分段锯割。当锯透至管周长的 1/3~1/2 时，在管缝处下面垫一块硬物将管道一端抬起，猛然往下一放，管身受振，便在锯缝处断开，此法可减少锯管的操作时间。

2. 液压切割

对于普通液压铸铁等脆性管材，可使用液压挤刀，这是一种用手动液压设备对刀轮加压切割管道的工具，不适用于球墨铸铁管。

使用液压挤刀时刀刃必须与管外壁垂直，并应安装牢固，应平稳地挤压液压泵，特别是在管道将被挤断时，更要谨慎操作。在挤压过程中，要注意观察管道被切割情况，观察时应和挤刀保持一定的安全距离，要观察液压泵、高压油管、液压缸工作情况，发现问题及时处理。

3. 自动割管机切割

自动割管机是切割铸铁管、钢管的工具，也可用于钢管焊接坡口加工，它适用于管道安装与维修，尤其是用于抢修工程。自动割管机分电动割管机与液压割管机。这种割管机在坑下、架空管道上的切割具有独特的优点。

自动割管机切割前应清除管体上的杂物及突出的包块，画好切割线，切割机与链条轮安装端正。进行切割时，一开始就应将铣刀沿切割线把管壁铣削透，然后边爬行边切割，不断校正切割方位，否则切割作业的起点与终点不能吻合。在切割较大口径管道时，机头上爬时可人工稍向上托住；机头下爬时可人工稍向上拉住，以免机头下滑。切割行走时，不得用硬物敲打铣刀片。在使用电动割管机时，必须安装漏电保护器。

4.空气等离子切割机切割

空气等离子切割机使用压缩空气和交流电源作能源，可切割不锈钢、铝、铜、钛、铸铁、碳钢、合金钢、复合金属等几乎所有金属。它具有操作简单、容易掌握，使用安全，切割成本低，切口窄而光洁，切割厚、薄板不变形等优点，是目前理想的热切割设备，广泛应用于下料、装配、维修等行业。

3.1.3 气 割

气割，也称氧-乙炔焰切割，是利用氧气和乙炔燃烧产生的热量，使被切割的金属在高温下熔化，然后用高压气流将熔化的金属吹离，切断金属管子，并产生氧化铁熔渣。气割一般用在 DN100 以上的钢管上，但镀锌钢管不允许用气割。

气割时，预热火焰应采用中性焰。一般预热火焰的能率应根据割件的厚度不同加以调整，割件越厚、火焰能率越大。

割嘴离割件表面的距离，应根据预热火焰的长度和割件厚度确定，一般以焰心末端距离工作面 3～5 mm 为宜。

割嘴的倾斜角度应根据割件的厚度确定。割件厚度在 10 mm 以下的，割嘴应沿切割方向后倾 20°～30°；厚度大于 10 mm 的，割嘴应垂直于工作表面。

气割速度与割嘴的形状和割件的厚度有关，割件厚度大，则气割速度慢。

3.2 管道清洁

管道的清洁是除掉管道表面的污物和氧化层，称为除锈。常用的方法有手工除锈、机械除锈、喷砂除锈。

1. 手工除锈

手工除锈是施工现场主要的除锈方法，主要是使用钢丝刷、砂布、扁铲等工具，用手工方法敲、铲、刷、磨等，以除去表面的污物和氧化层，若表面沾有油污，可用溶剂进行清洗。

采用手工除锈时，应注意清理焊缝的焊皮及飞溅的熔渣，因为它们更容易引起腐蚀，施工时应杜绝施焊后不清理药皮就进行涂漆的错误做法。

2. 机械除锈

管道在运输到施工现场之前，采用机械方法集中除锈并涂刷一层底漆的方式，是一种比较有效的施工方式。但目前还没有定型的适用于中小口径的国产管道除锈机械，多是自行设计制造的小型设备，主要有风动刷、电动刷、除锈枪、电动砂轮、针束除锈器等，这些设备均以冲击摩擦的方式，除去污物和氧化层。

使用风动和电动钢丝刷是为了去除浮锈和非紧附的氧化皮，不应为了去除紧附的氧化皮而对管道表面过度磨刷。电动砂轮只是用于修磨锐边、焊瘤、毛刺等表面缺陷，而不能用于一般除锈。

针束除锈器是一种小型风动工具，有可随不同曲面自行调节的 30～40 个针束，适用于弯曲、狭窄、凹凸不平及角缝处，用来清除锈层、氧化皮、旧漆层及焊渣，效果较好，工作效率高。

3. 喷砂除锈

喷砂除锈可分为干喷砂和湿喷砂两种，是运用广泛的一种除锈方法，能彻底清除管道表面的污物和氧化层，使金属表面形成粗糙而均匀的表面，以增加涂料的附着力。

（1）干喷砂。

干喷砂通常使用粒径为 1～2 mm 的石英砂或干净的河砂。当钢板厚度为 4～8 mm 时，砂的粒径为 1.5 mm，压缩空气的压力为 0.5 MPa，喷砂角度为 45°～60°，喷嘴与工作面的距离为 100～200 mm；当钢板厚度为 1 mm 时，应采用使用过 4～5 次、粒径为 0.15～0.5 mm 的细河砂。砂料应选用质地坚硬有棱角的石英砂、金刚砂、硅质河砂或海砂，砂料必须干净，使用前应经过筛选，并且要干燥，含水量在 1%以下。

喷砂使用的压缩空气应干燥清洁，不允许含有水分和油污，可用白漆靶板放在排气口 1 min 进行检验，靶面应无污点和水珠，目的是为减少清洁后钢材锈蚀的可能性。

喷砂的喷嘴内径为 6～8 mm，一般用 45 钢制成，并经渗碳淬火处理增加硬度。为了减少喷嘴的磨损和磨耗，可以使用硬质陶瓷内套，将在很大程度上延长使用寿命。

干喷砂的主要缺点是作业时砂尘飞扬，污染空气，影响周围环境和人体健康。尤其对操作人员呼吸系统的危害很大，所以操作时必须佩戴防尘口罩、防尘眼镜或专用呼吸面具，加强对操作人员的健康维护。

（2）湿喷砂。

湿喷砂是将干砂与加有防锈剂的水溶液，分别装在两个容器内，操作时，压缩空气喷出，砂粒随之喷出，在喷枪前与水溶液混合。水砂混合比可根据需要调节，砂罐的工作压力为 0.5 MPa，使用粒径为 0.1~1.5 mm 的建筑用中粗砂，水罐的工作压力为 0.1~0.35 MPa，水中加入碳酸钠，质量比为 1%，以及少量肥皂粉，以防止清洁后锈蚀。

湿喷砂尽管避免了砂尘飞扬的缺点，但由于其效率低下，水砂难以回收，施工成本较高，质量难以保证，而且不能在气温较低的环境下使用，因此在施工现场较少使用。

3.3　管道的调直与弯曲

3.3.1　管道的调直

管道安装时，直管部分若有弯曲，需要对其进行处理。一般来说，当管径 > 100 mm 时，管道产生弯曲的可能性很小，也不易调直，遇有弯曲部分，可将其去掉；当管径 ≤ 100 mm 时，可以将弯曲部分调直，常用的调直方法有冷调法和热调法。

1. 冷调法

此法用于管径 50 mm 以下、弯曲程度不大的管道，可采用敲打调直法、杠杆（扳别）调直法和调直台调直法。

敲打调直法是将管道平放在地面，凸面朝上。一个人在管道的一端观察管道的弯曲程度，另一个人可按观察者的指点，用木槌敲打弯曲部分的凸面，但要沿弯曲部分顺着管道长度方向推进，一定不能从凸面的最高点开始。

杠杆（扳别）调直法是将管道的弯曲部分和直管的一端固定，用手扳动另一端直管，将弯曲部分调直。操作时注意：一是弯曲部分应加保护层，二是不断变动固定弯曲部分的支撑点，三是要缓缓加力，才能使弯曲管道均匀调直而不变形损坏，如图 3.1 所示。

调直台调直法用于管径较大的管道，如图 3.2 所示，通过螺纹杆加力，使力量加强，但在操作时也应遵循前述的注意事项。

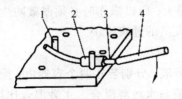 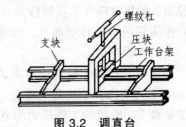

图 3.1　杠杆调直法　　　　　　图 3.2　调直台

1—铁柱；2—弧形垫板；3—钢管；4—套管

2. 热调法

当管径大于 50 mm，或管道的弯曲度大于 20°时，采用冷调法效果较差，可采用热调法处理。操作时先将管道放到加热炉上加热至 600 ℃~800 ℃，也可采用气焊加热，当管道温度升高到合适温度（呈樱桃红色）时，将管道抬至平行设置的钢管上来回滚动，钢管通过自身的质量或稍加外力就渐渐变直。滚动前应在弯管和直管的结合部分浇水冷却，避免直管在滚动过程中产生变形，如图 3.3 所示。

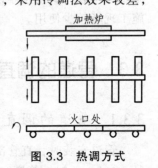

图 3.3　热调方式

3.3.2　管道弯曲

根据施工现场需要，管道经常有不同弯曲角度的安装需求，当不能采用标准规格的弯头时，就需要自己制作弯管。常用的弯管制作方法有：煨制弯管、压制弯管和焊接弯管。压制弯管一般在工厂制作。此处主要介绍煨制弯管的做法。

弯管的最小弯曲半径规定见表 3.1，弯曲半径与管径的关系见表 3.2。

表 3.1　弯管最小弯曲半径

管道类别	弯管制作方式	最小弯曲半径
中、低压钢管	热弯	$3.5D_W$
	冷弯	$4.0D_W$
	褶皱弯	$2.5D_W$
	压制	$1.0D_W$
	热煨管	$1.5D_W$

74

管道类别	弯管制作方式	最小弯曲半径	
中、低压钢管	焊制	DN≤250 mm	$1.0D_W$
		DN>250 mm	$0.75D_W$
高压钢管	冷、热弯	$5.0D_W$	
	压制	$1.5D_W$	
有色金属管	冷、热弯	$3.5D_W$	

表 3.2　弯曲半径与管径的关系

管径 DN/mm	弯曲半径/mm	
	冷煨	热煨
≤25	DN3	
32～50	DN3.5	
65～80	DN4	DN3.5
≥100	DN4～DN4.5	DN4

注：机械煨弯时弯曲半径可适当减小。

煨制弯管又分冷煨法和热煨法。煨制弯管具有伸缩弹性好、耐压高、阻力小等优点，因此被广泛应用。按其单弯管的形状可分六种，如图 3.4 所示。

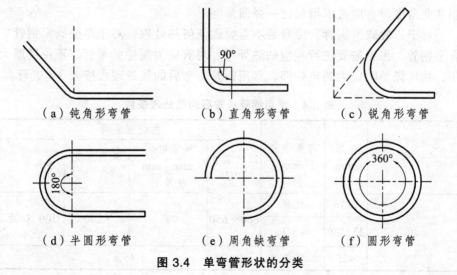

（a）钝角形弯管　　（b）直角形弯管　　（c）锐角形弯管

（d）半圆形弯管　　（e）周角缺弯管　　（f）圆形弯管

图 3.4　单弯管形状的分类

煨制弯管应光滑圆整，不应有褶皱、分层、过烧和结疤。对于中、低压弯管，如果在管道内侧有个别起伏不平的地方，应符合表 3.3 的要求，且其波距 t 应大于或等于 $4H$。若由于管道工艺的限制，明确指定煨制褶皱弯头时，弯管的波纹分布应均匀、平整、不歪斜。

表 3.3　管道弯曲部分波浪度 H 的允许值

外径/mm	≤108	133	159	219	273	325	377	≥426
钢管/mm	4	5	6			7	8	
有色金属/mm	2	3	4	5	6		—	

1. 冷煨弯管

冷煨弯管是指在常温下依靠机具对管道进行煨弯。优点是不需要加热设备，管内也不灌砂，操作简便。常用的冷弯弯管设备有手动弯管机、电动弯管机和液压弯管机。

手动弯管机只适用于弯制 DN32 以下的管道，液压弯管机可弯制 DN25～DN100 的管道，电动弯管机一般只能用来弯制 DN≤250 的管道，当弯制大管径及厚壁管时，宜采用中频弯管机或其他热煨法。采用冷弯弯管设备进行弯管时，弯头的弯曲半径一般应为管道公称直径的 4 倍。当采用中频弯管机进行弯管时，弯头弯曲半径可为管道公称直径的 1.5 倍。金属钢管具有一定弹性，在冷弯过程中，当施加在管道上的外力撤除后，弯头会弹回一个角度。弹回角度的大小与管道的材质、管壁厚度、弯曲半径的大小有关，因此在控制弯曲角度时，应考虑增加这一弹回角度。

对于一般碳素钢管，冷弯后不需要做任何热处理；对于厚壁碳素钢管、合金钢管，根据需要进行相应的热处理；对有应力腐蚀的弯管，不论壁厚大小，均应做消除应力的热处理。常用钢管冷弯后的热处理可按表 3.4 进行。

表 3.4　常用钢管冷弯后的热处理条件

钢号	壁厚/mm	弯曲半径/mm	热处理条件			
			回火温度/°C	保温时间/（min·mm⁻¹ 壁厚）	升温速度/（°C·h⁻¹）	冷却方式
20	≥36	任意	600～650	3	<200	炉冷至 300 °C 后空冷
	25～36	≤3D_{W}				
	<25	任意	不处理			

钢号	壁厚 /mm	弯曲半径 /mm	热处理条件			
			回火温度 /℃	保温时间 /（min·mm⁻¹ 壁厚）	升温速度 /（℃·h⁻¹）	冷却方式
12CrMo 15CrMo	>20	任意	600～700	3	<150	炉冷至 300 ℃后 空冷
	10～20	≤3.5D_W				
	<10	任意	不处理			
12CrMoV	>20	任意	720～760	3	<150	炉冷至 300 ℃后 空冷
	10～20	≤DN3.5				
	<10	任意	不处理			
1Cr18Ni9Ti Cr18Ni12Mo2Ti	任意	任意	不处理			

2. 热煨弯管

热煨弯管包括手工充砂热弯法和机械热弯法。加热管道时温度的上升不宜过快，温度的控制与管材有关，一般碳素钢管为 900 ℃～1 050 ℃，不锈钢管为 1 000 ℃～1 200 ℃，铜管为 500 ℃～600 ℃，塑料管为 95 ℃～130 ℃。现场中使用塑料管较多，就以塑料管的煨弯为例，介绍手工充砂热弯法。

塑料管加热的方法通常有灌冷砂法和灌热砂法。

灌冷砂法是将河砂晾干后，灌入塑料管内，然后用电烘箱或蒸汽烘箱加热，常用塑料管的弯曲加热温度及其他参数如表 3.5 所示。为了缩短加热时间，也可在塑料管的待弯曲部位灌入温度约 80 ℃的热砂，其他部位灌入冷砂。在加热时要使管道加热均匀，为此应经常将管道进行转动，若管道较长，从烘箱两侧转动管道时动作要协调，防止将已加热部分的管段扭伤。

表 3.5 塑料管弯曲参数

管材		最小冷弯曲半径 （×直径）/mm	最小热弯曲半径 （×直径）/mm	热弯温度 /℃
聚乙烯	低密度	12	5（管径<DN50） 10（管径>DN50）	95～105
	高密度	20	10（管径>DN50）	140～160
未增塑聚氯乙烯		—	3～6	120～130

灌热砂法是将细砂加热到表 3.5 所要求的温度，直接将热砂灌入塑料管内，用热砂将塑料管加热，管道加热的温度凭手感可以确定，当用手按在管壁上有柔软的感觉时就可以煨制了。

由于加热后的塑料管较柔软，内部又灌有细砂，将其放在图 3.5 所示的模具上，靠自重即可弯曲成形。这种弯制方法只有管道的内侧受力，对于口径较大的塑料管极易产生凹瘪，为此，可采用图 3.6 所示三面受限的木模进行弯制。由于受力均匀，煨管的质量较好，操作也比较方便。对于需批量生产的弯头，也可采用图 3.7 所示模压法弯制。

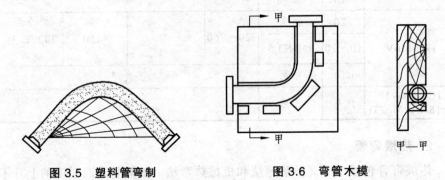

图 3.5　塑料管弯制　　　　　　图 3.6　弯管木模

煨制塑料管的模具一般采用硬木制作，这样可避免因钢模吸热，塑料管局部降温而降低质量。

机械热弯法常用的是中频弯管机，设备在以中频电磁场加热管壁的同时，机械推动管道转动弯曲，随后喷冷却水冷却。中频弯管机的优点是：操作时不需充砂，弯管连续工作，效率高，弯管的质量好，弯曲半径可达到管道外径的 1.5 倍。

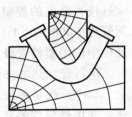

图 3.7　模压法弯管

3.4　管螺纹加工

3.4.1　管螺纹的种类

管螺纹有圆锥形和圆柱形两种。

1. 圆柱形管螺纹

圆柱形管螺纹的螺纹深度及每圈螺纹的直径均相等，只是螺尾部分稍粗些，这种管螺纹接口严密性差，接头的螺纹间隙要靠填料达到严密。工程中，常用圆柱形外螺纹做"长丝"活接头。管接头、阀件和管件等多采用圆柱形内螺纹。

2. 圆锥形管螺纹

圆锥形管螺纹各圈螺纹的直径都不相等，从端部到根部逐渐增大，这种管螺纹与管件的柱形内螺纹连接时，丝扣越拧越紧，接口较严密。管子螺纹连接一般均采用圆锥外螺纹与圆柱内螺纹连接，称为锥接柱，而不用柱接柱。用圆锥外螺纹与圆锥内螺纹连接，全部螺纹表面互相挤压，严密性更好，但因圆锥形内螺纹管件加工困难，故锥接锥的连接方式很少使用。用电动套丝机或手工管子铰板加工的为圆锥外螺纹。管子丝扣阀门连接时，管端的外螺纹长度应比阀门的内螺纹长度短 1~2 个扣丝，以免拧过头，管子顶坏阀芯。同理，其他接口管子外螺纹长度也应比所连接配件的内螺纹略短些。

3.4.2 管螺纹加工

管螺纹加工分为手工套丝与机械套丝两种方法。

1. 手工套丝

手工套丝使用人工铰板，把需加工的管道固定在管子台虎钳上，需套丝的一端管段应伸出钳口外 150 mm 左右。把铰板装置放到底，并把活动标盘对准固定标盘与管子相应的刻度上。上紧标盘固定把，随后将后套推入管道至与管牙齐平，关紧后套（不要太紧，能使铰板转动为宜）。操作人员站在管端前方，一手扶住机身向前推进，另一手顺时针方向转动铰板把手。当板牙进入管子两扣时，在切削端加上机油润滑并冷却板牙，然后操作人员可站在右侧继续均匀用力旋转扳把，使板牙缓缓而进。

为使螺纹连接紧密，螺纹应加工成锥形。螺纹的锥度是利用套丝过程中逐渐松开板牙的松紧螺丝来达到的。当螺纹加工达到规定长度时，一边旋转套丝，一边松开松紧螺丝。DN50~DN150 的管子套丝可由 2~4 人操作。

为了操作省力及防止板牙过度磨损，不同管径应有不同的套丝次数：DN32 以下的，最好两次套成；DN32~DN50 的，可分两次到三次；DN50 以上的必须在三次以上。严禁一次完成套丝。套丝时，第一次或第二次铰板的活动标盘对准固定标盘刻度，要略大于相应的刻度。螺纹加工长度可按表3.6 所列尺寸加工。

表 3.6 管螺纹的加工尺寸

管子直径		短螺纹		长螺纹		连接阀门螺纹
mm	in	长度/mm	螺纹数/牙	长度/mm	螺纹数/牙	长度/mm
15	1/2	14	8	50	28	12
20	3/4	16	9	55	30	13.5
25	1	18	8	60	26	15
32	$1\frac{1}{4}$	20	9	65	28	17
40	$1\frac{1}{2}$	22	10	70	30	19
50	2	24	11	75	33	21
65	$2\frac{1}{2}$	27	12	85	37	23.5
80	3	30	13	100	44	26

在实际安装中，当支管要求坡度时，遇到的管螺纹不端正，则要求有相应的偏扣，俗称"歪牙"。歪牙的最大偏离度不能超过 15°。歪牙的操作方法是将铰板套进管子 1~2 扣后，把后卡爪板把根据所需的偏度略微松开，使螺纹向一侧倾斜，这样套成的螺纹即成"歪牙"。

2. 机械套丝

使用管子套丝机套丝前，应首先进行空负荷试车，确认运行正常可靠后方可进行套丝工作。

套丝机一般以低速进行工作，如有变速箱，要根据套出螺纹的质量情况选择一定速度，不得逐级加速，以防"爆牙"或管端变形。套丝时，严禁用锤击的方法旋紧或放松背面挡脚、进刀手把和活动标盘。长管子套丝时，管后端一定要垫平。螺纹套成后，要将进刀把及管子夹头松开，再将管子缓缓地退出，防止碰伤螺纹。套丝的次数：DN25 以上的要分两次进行，切不可一次套成，以免损坏板牙或产生"硌牙"。在套丝过程中要经常加机油润滑和冷却。

管子螺纹应规整，如有断丝或缺丝，不得大于螺纹全扣数的 10%。

安装螺纹零件时，应按旋紧方向一次装好，不得倒回。安装后，露出 2~3 牙螺纹，并清除剩余填料。

管道螺纹连接时，在管子的外螺纹与管件或阀件的内螺纹之间加适当填料。室内给水管一般采用油麻丝（或生胶带）和白厚漆。安装时，先将麻丝抖松成薄而均匀的纤维（或者用生胶带），然后从螺纹第二扣开始沿螺纹方向进行缠绕，缠好后表面沿螺纹方向涂白厚漆（生胶带可不涂白厚漆），然后用手拧上管件，再用管子钳拧紧。填料缠绕要适当，不得把白厚漆、麻丝或生胶带从管端下垂挤入管腔，以免堵塞管路。

3.5 管道连接

管道连接是指按照设计图的要求，将已经加工预制好的管段连接成一个完整的系统。

在施工中，应根据所用管子的材质选择不同的连接方法。普通钢管有螺纹连接、焊接和法兰盘连接；无缝钢管、有色金属及不锈钢管多为焊接和法兰连接；铸铁管多采用承插连接，少数采用法兰连接；塑料管多采用螺纹连接、黏结和热熔连接等，而其他非金属管连接又有多种形式。

3.5.1 螺纹连接

螺纹连接又称丝扣连接，用途广泛。管螺纹的连接有圆柱形内螺纹套入圆柱形外螺纹、圆柱形内螺纹套入圆锥形外螺纹及圆锥形内螺纹套入圆锥形外螺纹三种方式，如图 3.8 所示。其中后两种方式的连接较紧密，是常用的连接方式。

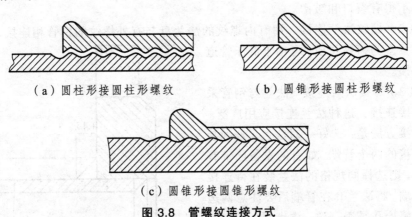

（a）圆柱形接圆柱形螺纹　　　　　（b）圆锥形接圆柱形螺纹

（c）圆锥形接圆锥形螺纹

图 3.8　管螺纹连接方式

为了增加管子螺纹接口的严密性和维修时不致因螺纹锈蚀造成不易拆卸，螺纹处一般要加填料。填料的作用是充填空隙和防腐蚀，常用的填料有油麻丝和聚四氟乙烯生料带（又称生料带或生胶带）。所有填料在螺纹连接中只能用一次，若遇拆卸，应重新更换。为保证接口长久严密，管子螺纹不得过松，不能用多加填充材料来防止渗漏。

拧紧管螺纹应选用合适的管子钳，用小钳拧紧大管道达不到拧紧的目的，用大钳拧紧小管道，容易因用力控制不好而损坏管道。不许采用在管子钳的手柄上加套筒的方式来拧紧管子。

管螺纹拧紧后，应在管件或阀件外露出 1～2 扣螺纹（即螺纹尾），不能将螺纹全部拧入，多余的麻丝应清理干净并作防腐处理。上管件时，要注意管件的位置和方向，不可倒拧。

3.5.2　法兰连接

法兰连接就是用螺栓将固定在两个管口（或附件）上的一对法兰盘拉紧密封，然后使管子（或附件）连接起来形成一个可拆卸的整体。钢管的法兰连接具有拆卸方便、连接强度高、严密性好等优点，用于需要拆卸的部位和连接带法兰的阀件、设备、仪表等处。

1. 法兰与管道的连接

法兰有铸铁和钢制两种。法兰与管道的连接有翻边松套、螺纹连接、焊接连接三种，管道安装中多用平焊钢法兰的连接方式。

（1）翻边松套法兰连接。翻边松套法兰一般用于铜管、铅管、塑料管等类似材质的管道，翻边时根据不同的材质选用不同的操作方法，翻边要求平整，不得有裂口和皱褶。

（2）螺纹法兰连接。用有内螺纹的法兰盘与有外螺纹的钢管相连接，这种法兰多为铸铁材质，可用于低压管道的连接。

（3）焊接法兰连接。法兰与钢管采用焊接连接，这种法兰连接应用广泛。其焊接方法是：选好一对法兰，分别装在相接的两个管端，如有的设备已带有法兰，则选择同规格的法兰装在待连接的管端。将法兰套在管端后要注意两边法兰螺栓孔是否一致，先点焊一点，校正垂直度，最后将法兰与管子焊接牢固。平焊法兰的内、外两面都必须与管子焊接，焊接尺寸要求如图 3.9 所示。

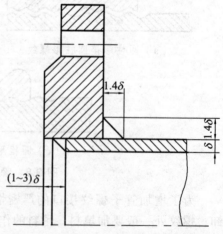

图 3.9　平焊法兰的焊接形式与尺寸

管端不可过多插入法兰内，要根据管壁厚留出余量。

2. 法兰垫圈

法兰连接时，无论采用哪种方法，都必须在法兰和法兰之间垫上合适的垫圈，以达到密封的要求。

法兰垫圈分软垫圈和硬垫圈两类。硬垫圈主要用于高温、高压和化工管道。金属类硬垫圈的材质一般应与管件的材质相同或相近；工程中常用的软垫圈要根据管道输送的介质种类正确选择，如表 3.7 所示。

表 3.7　法兰连接常用的软垫圈

材料	适用介质	最高工作压力/MPa	最高工作温度/℃
普通橡胶	水、空气、惰性气体	0.6	60
耐热橡胶	水、空气、惰性气体	0.6	120
耐油橡胶	润滑油、燃料油、液压油	0.6	80
耐酸碱橡胶	浓度 ≤20% 的硫酸、盐酸、氢氧化钾、氢氧化钠	0.6	60
夹布橡胶板	水、空气、惰性气体	1.0	60
低压橡胶石棉板	水、空气、惰性气体、蒸汽、煤气	1.6	200
中压橡胶石棉板	水、空气、惰性气体、蒸汽、煤气、氧化性气体、酸碱溶液、氨	4.0	350
高压橡胶石棉板	空气、惰性气体、蒸汽、煤气	10.0	450
耐酸石棉板	有机溶剂、碳氢化合物、浓无机酸、强氧化性盐溶液	0.6	300
浸渍过的白石棉	具有氧化性的气体	0.6	300
耐油橡胶石棉板	油、溶剂	4.0	350
软聚氯乙烯板	水、空气、酸碱稀溶液、氧化性气体	—	—

垫圈的厚度通常由管道的直径确定。一般 DN<125 mm 时，垫圈厚度为 1.6 mm；125 mm<DN<500 mm 时，垫圈厚度为 2.4 mm；DN>500 mm 时，垫圈厚度为 3.2 mm。不允许使用斜垫圈和双层垫圈，平面法兰所用垫圈要加工一个小手把。

法兰垫圈多为现场加工，制垫时法兰平放，光滑密封面朝上，将垫圈板材盖在密封面上，用手锤沿密封面外边缘轻轻敲打出垫片外轮廓线，用手锤沿管孔边缘敲打出垫片内轮廓线，再用凿子或剪刀裁制，也可用圆规画线后裁制。法兰垫片的内径不得大于法兰内径而突入管内，法兰垫片的外径不得遮挡法兰盘上的螺孔。

3. 法兰的安装

用法兰连接的管道安装时要考虑法兰的拆装，法兰不能安装在楼板、墙壁、套管内；法兰应与建筑物或支架保持 200 mm 的距离。

法兰安装时把两片法兰的螺栓孔对准，穿上几个螺栓，然后把垫圈放入，只要垫片顶到螺栓上，就说明已安放好，垫片的"小手把"留在法兰盘外，便于拿放。安装前在垫片两面抹石墨粉（俗称铅粉）与机油的调和物，切忌用白铅油，以免日后粘在法兰密封面上难以拆卸。法兰连接时衬垫不得凸入管内，其外边缘以接近螺栓孔为宜。

连接法兰的螺栓应是同一种规格，全部螺母应位于法兰的同一侧。如与阀件连接，螺母一般应放在阀件一侧。拧紧螺栓时，须选用合适的扳手，并分 2～3 次进行。拧紧的顺序应对称、均匀地进行。大口径法兰最好两人在对称位置同时进行。螺栓长度以拧紧后端部伸出螺母长度两个螺纹为宜。

3.5.3 焊接连接

1. 钢管焊接

焊接连接主要用于给水钢管的对接、焊接法兰和其他柔性接口。焊接的方法通常有气焊、手工电焊和自动电弧焊、接触焊等。

在焊接接口前，应清除接口处 20 mm 范围内的防锈防腐物，按管壁的厚度加工坡口，选择焊缝形式。管壁厚度 $\delta < 6$ mm 时，采用平焊缝；$\delta = 6 \sim 12$ mm 时，采用 V 形焊缝；$\delta > 12$ mm 而且管径尺寸允许焊工进入管内施焊时，采用 X 形焊缝，如图 3.10 所示。

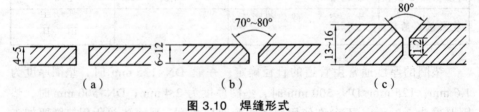

图 3.10　焊缝形式

钢管焊接管端对口允许错口量如表 3.8 所示。钢管的错口量超过表 3.8 的规定值时，应按图 3.11 所示的形状加工。

表 3.8 钢管焊接管端对口允许错口量

管壁厚度/mm	2.5	3.0	3.5	4.0	5.0	6.0	7.0	8.5	10
允许错口量/mm	0.25	0.30	0.35	0.40	0.50	0.60	0.70	0.80	0.90

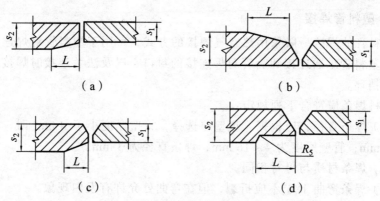

图 3.11 对口焊缝错边坡口形式

$$L \geq 4(s_2 - s_1); \quad s_2 - s_1 \leq 5$$

管道的接口断面应与管道的中心线垂直,焊接前应认真对准,保证两根管道的中心线重合,组对时,要用定心夹持器固定,先进行点焊。

点焊焊肉的尺寸应适宜,通常当管壁厚度小于或等于 5 mm 时,则点焊焊肉厚度可与管壁平齐;当管壁厚度大于 5 mm 时,则点焊焊肉厚度约为 5 mm,点焊长度约为 20~30 mm。为便于接头熔透,点焊焊肉的两个端部都必须修成缓坡形。根据不同管径,点焊处数量如下:

(1)管径 DN≤65 mm 时,点焊两处。

(2)管径 DN>65 mm 时,点焊三处或三处以上。

焊接时尽量采用平焊。管道对口焊接时,尽可能采用活动焊口,使钢管转动起来,实施平焊。转动焊的多层焊接,运条范围宜选择在平焊部位,即焊条在垂直中心线两边各 15°~20°范围内运条,而焊条与垂直中心线的夹角呈 30°。

大口径(DN>200 mm)钢管管节长,自重大,转动不便,可采用不转动焊接(固定口焊接),施工方向自下而上,最好两侧同时施焊。当管壁>6 mm 时,应分层施焊,第一层焊缝分三段焊接,以后各层可采用两段焊接。各层焊接的起点应当错开,且焊接新一层前应当清除前一层的焊渣和碎屑。

钢管焊接完毕后应进行焊缝质量检查,质量检查包括外观检查和内部检查。外观缺陷主要有焊缝形状不正、咬边、焊瘤、弧坑、裂缝等;内部缺陷有未焊透、夹渣、气孔等。焊缝内部缺陷通常可采用煤油检查方法进行检查,即在焊缝一侧（一般为外侧）涂刷大白浆，在焊缝另一侧（内侧）涂煤油，经过一定时间后，若在大白面上渗出煤油斑点，表明焊缝质量有缺陷，每个管口一般均应进行检查。

最后应对焊接管口段部分进行除锈和防腐处理。

2. 塑料管焊接

塑料管的焊接一般采用热空气焊接的方式，可用于塑料管对焊连接，也可用于塑料管承插连接和套管对焊连接的封口，以及法兰连接时焊接法兰盘或活套挡环。

塑料焊条应符合下列规定：

（1）焊条直径，应根据管道壁厚选择，管壁厚度小于 4 mm 时，焊条直径为 2 mm；管壁厚度为 4～16 mm，焊条直径为 3 mm。

（2）焊条材质与母材相同。

（3）焊条弯曲 180°不应折裂，但在弯曲处允许有发白现象。

（4）焊接表面光滑无凸瘤，切断面必须紧密均匀，无气孔与夹杂物。

焊接的基本要求是：焊接管端必须加工成 35°～45°的坡口；塑料管焊接表面应清洁、平整；焊接时，焊条与焊缝两侧应均匀受热，外观不得有弯曲、断裂、烧焦和宽窄不一等缺陷；焊条与焊件熔化良好，不允许有覆盖、重积等现象。

焊接时的加热温度一般为 200 ℃～240 ℃，由于热空气到达焊接表面时，温度还要降低。所以从焊嘴喷出的热空气温度还要高些，一般为 230 ℃～270 ℃。测量热空气温度的方法是把水银温度计的水银球放在距焊嘴 5 mm 处，隔 15 s 读温度计读数。焊接速度一般保持 9～15 m/h。操作时，要注意掌握焊条与焊件夹角。在焊接过程中，向焊条施加压力应当均匀；施力方向应使焊条和焊件基本上保持垂直。焊条切勿向后倾斜。虽然这样焊接又快又省力，但这样用力所产生的水平分力会使刚刚粘上去的焊条拉裂，在冷缩时会产生裂纹。反之，如果焊条向前倾斜，焊条受热变软的一段就太长，焊条会弯曲过早，使焊条和焊件粘不牢，水平分力还会把刚焊上的焊条挤出皱纹来。

焊接喷嘴和焊件夹度一般保持 30°～45°。焊条粗、焊件薄的应多加热焊条，即夹角应小些；反之焊条细、焊件厚时，应多加热焊件，即夹角应大些。为了使焊条加热均匀，焊枪应上下左右抖动。

3.5.4 承插口连接

承插口连接就是把铸铁管的插口插到铸铁管的承口中，然后将填料捻打到承插口间隙里，将之打紧打实的一种连接方式，又称为捻口，如图 3.12 所示。

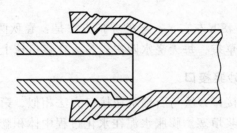

图 3.12　承口及插口

填料第一层是油麻或胶圈。油麻具有较强的防腐能力，在遇水后吸水膨胀，使纤维间孔隙变小，能抵制管道里的水外渗，还能阻止第二层填料漏入管内。第二层填料的作用是密封和增强作用。铸铁管承插口的称谓，通常以第二层（表层）填料的种类来命名，常用的有石棉水泥接口、膨胀水泥砂浆接口、石膏氯化钙水泥接口、橡胶圈接口等。

1. 石棉水泥接口

石棉水泥接口是比较多见的一种传统连接方式，具有较高的强度和一定的抗震能力，但有施工强度大，工作效率低的特点。石棉水泥是将石棉和水泥按 3∶7（质量比），适当加水拌和而成。拌和后的石棉水泥，以能用手捏成团，抛起能散开为准。

第一层用油麻填料时，先把松散的油麻拧成直径为接口间隙 1.5 倍左右的麻辫，长度比管子外圆周长略长（一般为 50 ~ 100 mm）。依次把每条麻辫塞入承插口间隙，各圈麻辫接头应相互错开，如图 3.13 所示，并依次分层捣实。捻实后麻层的高度应为承插口间隙深度的1/3 左右。

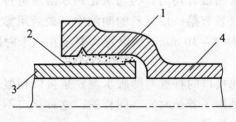

图 3.13　铸铁管承插接口

1—油麻；2—石棉水泥；3—插口；4—承口

石棉水泥填料需分层填打，每层打实后的深度以不大于承口深度的 1/3

为宜，打实程度以水泥表面呈灰黑色，有水湿现象，捶打时感到一定的弹性，并听到金属回击声为宜。每个接口要连续不断地一次性打完，灰面比承口宜低 2～5 mm。

接口的养护需 48 h 左右，一般的养护方法是：春秋两季每天浇水两次；夏天在接口处盖湿草袋，每天浇水四次；冬天在接口抹上湿泥，覆土保温。

2. 膨胀水泥砂浆接口

膨胀水泥砂浆接口方法与石棉水泥接口方法相似，第一层打麻辫，然后再进行膨胀水泥砂浆填塞。膨胀水泥在水化过程中体积膨胀，增加其与管壁的黏着力，提高了水密性，而且产生封密性微气泡，提高了接口的抗渗性能。

与石棉水泥接口相比，膨胀水泥砂浆接口操作简便，劳动强度低，成本低，但其弹性差，不具备抗震能力，一般不用在有震动或气温较低的场所。

膨胀水泥砂浆是由砂粒与膨胀水泥和水按 1∶1∶0.3（质量比）拌和而成。采用洁净中砂，砂粒直径在 1.2 mm 左右。膨胀水泥砂浆拌和应均匀，拌和好的砂浆应在初凝期内用完，避免失效。

接口操作时，不需要用手锤敲打，只需将拌制的膨胀水泥砂浆分层填实，用錾子将各层捣实，砂浆表面捣出稀浆。最外一层找平，与承口平齐。

膨胀水泥砂浆接口的养护方法与石棉水泥接口基本相同。但膨胀水泥水化过程中需要大量的水，因此其接口应采用湿养护，但在 2 h 内不能浇水，养护时间为 72 h。

3. 石膏氯化钙水泥接口

石膏氯化钙水泥接口的第二层填料是用水泥、石膏粉、固体氯化钙按 100∶10∶5（质量比）加水拌和而成。

填料中的石膏起膨胀作用，氯化钙起加速凝结的作用。操作时先把一定质量的干水泥和石膏粉混合均匀，再与氯化钙水溶液进行拌和，将拌和好的填料搓成条状塞入已装有第一层填料的间隙中，最后用錾子进行捣实。由于石膏的终凝时间在为 6～30 min，所以操作要求在这个时段内完成。养护时间为 8 h。

石膏氯化钙水泥接口的特点与膨胀水泥砂浆接口相似，但加入的氯化钙加快了养护过程，缩短了养护时间。同样的，这种接口不适用于土质松软、基础较差和有震动的地段。

4. 橡胶圈接口

橡胶圈接口与前述的接口方式有所不同，承插口之间的间隙只有橡胶圈一种填料完成密封作用。由于橡胶有很好的弹性，使接口具有较强的密封性和弹性，能安装在有震动和土质条件较差的地方，不需要养护，能提高施工进度，安装操作简单，可减轻劳动强度，但橡胶圈价格较高。

橡胶圈的断面形式有多种，选用时应与承口的形式配套。橡胶圈接口施工前同样需要把管口部分清理干净，涂上润滑剂，然后把清洗好的橡胶圈安放在承口的凹槽里，使之切实贴合严密，再将插口对准承口，用力推入即可。

3.5.5　黏合连接

由于塑料管道和复合管道的广泛采用，黏合连接的方法也被推广。与焊接、法兰连接等方式相比，黏合连接具有剪切强度大，应力分布均匀，可以黏结不同材料，施工简便，价格低廉，自重轻，以及耐腐蚀、密封性好等优点。

1. 黏合剂的分类与选择

按使用目的可分为以下几种：

（1）结构黏合剂。指黏结后能承受较大的负荷，经受热、低温、化学腐蚀等作用，不变形、不降低强度。

（2）非结构黏合剂。指在正常使用时具有足够的黏结强度，一经受热或负荷较大，其强度降低。

（3）专用（特殊）黏合剂。指专门针对某种材料生产的黏合剂，或在特殊条件下使用的黏合剂。

按原料来源可分为天然黏合剂和合成黏合剂。管道工程上一般使用的是合成黏合剂。

2. 黏合剂的选择

应考虑的因素：

（1）初凝和固化速度。

（2）黏结间隙，即管材和管件的公差配合。

（3）接口承受的荷载类型和强度要求。

（4）输送介质和环境对黏合剂的要求。

（5）特殊条件下，还应考虑导电率、热导率、导磁、超高温、超低温等因素。

（6）黏合剂的成本、储存条件、使用方法、有效期等技术经济因素。

3. 黏结接口表面处理

黏结接口的表面处理对黏结效果的影响很大，必须将接口表面的污物、油渍清除干净，常用的处理方法有：

（1）机械清理。用砂纸、钢丝刷、砂布擦洗接口表面，清洁程度较高，但劳动强度较大。

（2）化学清洗。将接口表面浸泡在酸、碱或有机溶液中，以清除表面的污物或氧化层。这种方法效率高、经济、质量稳定，但大型的管道和管件的接口使用此法不便操作。

（3）溶剂清洗。选用合适的溶剂，对接口表面进行蒸汽脱脂，或使用清洁的棉花、纱布浸渍溶剂擦洗表面，直到没有污物和油渍为止。这是在黏结施工时最为常用的清洁方法，但在使用溶剂时要注意对工人的身体进行保护。

4. 黏结连接施工

黏结连接施工包括黏合剂的保管、涂敷、固化等过程。

（1）黏合剂的保管。

当黏结连接的接口间隙、胶结长度确定以后，就应结合施工要求确定黏合剂的种类和施工工艺。对于连续作业的工程，由于要求黏结后有较高的初凝强度，应选择挥发快的溶剂型黏合剂，或反应快的热固性黏合剂；结合输送介质的种类和运行环境条件，选择添加适当的添加剂。

黏合剂应储存在温度较低的库房内，并与光、热隔离。不同的黏合剂应分别存放。溶剂型黏合剂不应存放时间过长。

现场配置的黏合剂应先少量配制，经试验合格后再批量配制。溶剂型黏合剂在使用前应检查有无变色、混沌、沉淀等异常现象，发现异常即停止使用。

（2）黏合剂的涂敷。

黏合剂黏度要适中，依顺序进行涂敷。承口和插口黏结面均需涂胶，涂敷层要薄而均匀，在黏合剂达到一定强度之前，黏结面不允许相对运动。

一般使用漆刷进行黏合剂的涂敷。因涂敷不足需要补胶时，可采用挤压枪进行补充。热熔性黏合剂采用电热刷进行涂敷。

（3）黏合剂的固化。

这是一个相对漫长的过程，在室温条件下通常需要几个小时或几天。为了加快固化，一般可对黏结接口采用直接加热、辐射加热、感应加热、高频电介质加热等方法进行处理。也可采用重量加压、机械加压等方式进行加压固化。

3.6 管道支架及吊架的安装

在管道安装中,用于承受管道质量,并限制管道变形和位移的构件是支架与吊架。它们之间的区别在于:支架通过支承的方式承受质量,并限制管道的变形和垂直位移;吊架通过吊装的方式承受质量,并限制管道的变形和水平位移。

3.6.1 支架与吊架的种类

按用途分类。固定支架是为了均匀分配补偿器间管的热伸长,防止管道因受热应力而产生较大的变形。常用的种类有:焊接角钢固定支架、单面挡板式固定支架、双面挡板式固定支架、四面挡板固定支架、卡环式固定支架。

水平安装的管道,由于没有或垂直位移很小,允许少量轴向和横向位移时,可采用活动支架。常用的种类有:弧形板滑动支架、丁字托滑动支架、曲面槽滑动支架、导向支架、滚动支架。

常用吊架的种类有弹簧吊架和刚架吊架。

(1)按使用材料分类。可分为钢支架和混凝土支架。

(2)按结构形式分类。可分为悬臂支架、三角支架、门型支架、弹簧支架、独柱支架等。

3.6.2 管道支架及吊架的选用

(1)管道支架形式的选择,主要应考虑管道的强度、刚度;输送介质的温度和工作压力;管材的线膨胀系数;管道运行后的受力状态及管道安装的实际位置状况等。同时,还应考虑制作和安装的成本。

(2)管道支、吊架材料一般用 Q235 普通碳钢制作,其加工尺寸、精度及焊接等应符合设计要求。

(3)在管道上不允许有位移的地方,应设置固定支架。固定支架要固定在牢固的厂房结构或专设的结构物上。

(4)在管道上无垂直位移或垂直位移很小的地方,可装活动支架或刚性支架。活动支架形式,应根据管道对摩擦作用的不同来选择。

① 对摩擦产生的作用力无严格限制时,可采用滑动支架。

② 对介质温度较高、管径较大、要求减少管道摩擦作用时,可采用滚动支架。

(5)在水平管道上只允许管道单向水平位移的地方,在铸铁阀件的两侧适当距离的地方，装设导向支架。

（6）在管道具有垂直位移的地方，应装设弹簧吊架，在不便装设弹簧吊架时，也可采用弹簧支架，在同时具有水平位移时，应采用滚珠弹簧支架。

（7）垂直管道通过底板或顶板时，应设套管，套管不应限制管道位移和承受管道垂直负荷。

（8）对于室外架空敷设的大直径管道的独立活动支架，为减少摩擦力，应设计为挠性的和双铰接的支架或采用可靠的滚动支架，避免采用刚性支架。

① 当要求沿管道轴线方向有位移，横向有刚度时，采用挠性支架，一般布置在管道沿轴向膨胀的直线管段。补偿器应用两个挠性支架支承，以承受补偿器质量和防止管道膨胀收缩时扭曲。

② 当仅承受垂直力，允许管道在平面上作任何方向移动时，采用双铰接支架。一般布置在自由膨胀的转变点外。

3.6.3 管道支架及吊架的安装

1. 安装前的准备

管道支架安装前首先应确定支架的位置。固定支架之间的间距要根据补偿器的补偿能力确定，同时保证支架能承受因温差和其他作用产生的推力。活动支架的间距按照表 3.9、表 3.10 和表 3.11 确定。

表 3.9　塑料管及复合管支架的最大间距

公称直径/mm	最大间距/m		
	立管	水平管	
		冷水管	热水管
12	0.5	0.4	0.2
14	0.6	0.4	0.2
16	0.7	0.5	0.25
18	0.8	0.5	0.3
20	0.9	0.6	0.3
25	1.0	0.7	0.35
32	1.1	0.8	0.4
40	1.3	0.9	0.5

公称直径/mm	最大间距/m		
	立管	水平管	
		冷水管	热水管
50	1.6	1.0	0.6
63	1.8	1.1	0.7
75	2.0	1.2	0.8
90	2.2	1.35	—
110	2.4	1.55	—

表 3.10 钢管支架的最大间距

公称直径/mm	最大间距/m	
	立管	水平管
12	1.8	1.2
20	2.4	1.8
25	2.4	1.8
32	3.0	2.4
40	3.0	2.4
50	3.0	2.4
65	3.5	3.0
80	3.5	3.0
100	3.5	3.0
125	3.5	3.0
150	4.0	3.5
200	4.0	3.5

表 3.11 薄壁不锈钢管支架的最大间距

公称直径/mm	最大间距/m	
	水平管	立管
10～15	1.0	1.5
20～25	1.5	2.0
32～40	2.0	2.5
50～65	2.5	3.0

根据支架的标高，把同一水平直管段两端的支架位置画在墙或柱子上，有坡度要求的管道，应根据两点间的距离和坡度的大小，算出两点间的高度差，然后在两点间拉一根直线，按照支架的间距，在墙上或柱子上画出每个支架的位置。按规定，支架中心点在水平面上的允许偏差为 ±25 mm，在垂直面上的允许偏差为 ±10 mm，但同一管线上的偏差值应相同。

2. 支架的安装方法

（1）预留孔洞安装。土建施工时在墙上有预留孔洞的，可将支架横梁埋入墙内，如图 3.14 所示。埋入深度应不小于 150 mm。埋设前清除洞内的碎石和杂物，埋设后用高于 C20 的细石混凝土填埋，需填密，填塞饱满。

（2）预埋钢板安装。在钢筋混凝土构件上安装支架，可在土建浇注时在各支架的位置预埋钢板，当进行支架安装时敲掉预埋件外的砂浆，然后将支架横梁焊接在预埋钢板上，如图 3.15 所示。

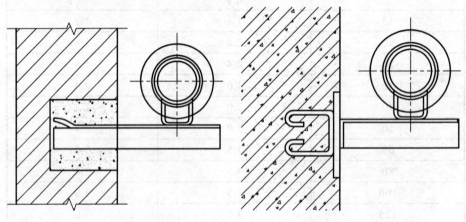

图 3.14　预留孔洞安装　　　　　　图 3.15　预埋钢板安装

（3）射钉和膨胀螺栓安装。在没有预留孔洞和预埋钢板的砖或混凝土构件上，可以用射钉或膨胀螺栓安装支架，但不宜安装推力较大的固定支架。

用射钉安装支架时，先用射钉枪将射钉射入安装支架的位置，然后用螺母将支架横梁固定在射钉上，如图 3.16 所示。

用不带钻膨胀螺栓安装支架，必须先在安装支架的位置钻孔。钻成的孔必须与构件表面垂直。孔的直径与套管外径相等，深度为套管长度加 15 mm。钻好后，将孔内的碎屑清除干净。

把套管套在螺栓上，套管的开口端朝向螺栓的锥形尾部，再把螺母带在螺栓上，然后打入已钻好的孔内，到螺母接触孔口时，用扳手拧紧螺母。随着螺母的拧紧，螺栓被向外拉动，螺栓的锥形尾部就把开口的套管尾部胀开，使螺栓和套管一起紧固在孔内,这样就可以在螺栓上安装支架横梁,如图 3.17 所示。

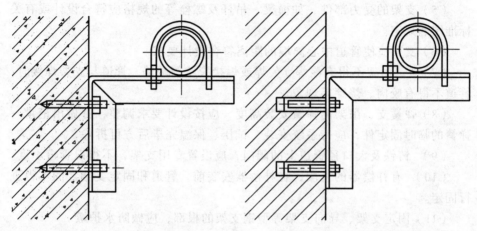

图 3.16　射钉安装的支架　　　　图 3.17　用膨胀螺栓安装的支架

（4）抱箍式安装。沿柱子敷设的管道，可采用包箍式支架，其结构如图 3.18 所示。

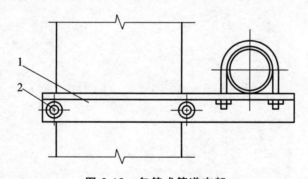

图 3.18　包箍式管道支架

1—支架横梁；2—双头螺栓

3. 安装要求

（1）支架横梁应牢固地固定在墙、柱子或其他结构物上，横梁长度方向应水平，顶面应与管子中轴线平行。

（2）支、吊架安装时，位置应正确，必须符合设计管线的标高和坡度，埋设应平整牢固；与管道接触应紧密，固定应牢靠。

（3）管道滑托、吊架的吊杆应处于管道热膨胀的反方向，其移动距离等于管道伸长量的一半。

（4）两根热伸长方向不同或热伸长量不等的管道，没有特别要求时，不应共用一个吊杆或一个滑托。

（5）支架的受力部件，如横梁、吊杆及螺栓等的规格应符合设计或有关标准图的规定。

（6）支架应使管道中心离墙的距离符合设计要求。

（7）支、吊架不得有漏焊、欠焊或焊接裂纹等缺陷。管道与支架焊接时，管道不得有咬肉、烧穿等现象。

（8）弹簧支、吊架的弹簧安装高度，应按设计要求调整，并做出记录。弹簧的临时固定件，应待系统安装、试压、保温完毕后方可拆除。

（9）铸铁及大口径管道上的阀门，应设置专用支架，不得以管道承重。

（10）有补偿器的管段，在补偿器安装前，管道和固定支架之间不得进行固定。

（11）固定支架、导向支架等型钢支架的根部，应做防水护墩。

第4章 室内外给水系统安装

4.1 概 述

4.1.1 室内给水系统

1. 室内给水系统的组成

室内给水系统由下列各部分组成，如图4.1所示。

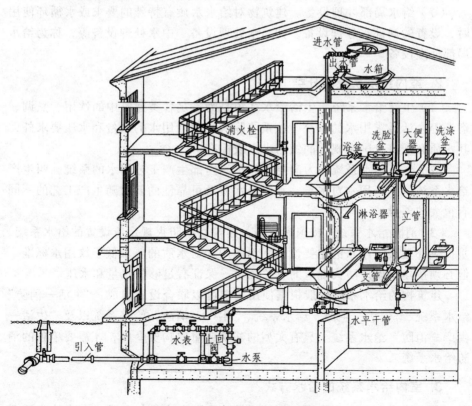

图4.1 室内给水系统的组成

（1）引入管。引入管又称进户管，从地面以下进入建筑物。

（2）水表节点。水表节点是指引入管上装设的水表及其前后设置的阀门、泄水装置的总称。为便于计量，住宅建筑每户的进户管上均应安装分户水表。

（3）给水管网。给水管网包括建筑物内所有的水平或垂直干管、立管、横支管等。

（4）给水附件。给水附件是指管道系统中调节水量、水压，控制水流方向，以及启闭水流，便于管道、仪表和设备检修的各类阀门和各式配水龙头，如闸阀、止回阀、减压阀等。

（5）加压和储水设备。在室外给水管网提供的水压不足或室内对安全供水、水压稳定有特殊要求时，需在给水系统中设置相关设备，如水泵、气压给水设备以及水池、水箱等。

（6）室内消防设备。按照消防要求，建筑物内应设置消火栓灭火系统或自动喷水灭火系统等。

（7）给水局部处理设备。建筑物对给水水质有特殊的要求或水循环使用时，设置的局部水处理设备，如净水处理设备、中水处理设备等，称为给水局部处理设备。

2. 室内给水系统的分类

（1）生活给水系统。生活给水系统是为满足各类建筑中的饮用、烹调、盥洗等生活需求用水的系统。该系统除满足生活用水的水量和水压要求外，其水质必须符合国家现行的饮用水水质标准。

（2）生产给水系统。为满足生产车间内部生产工艺用水的系统，叫生产给水系统。生产用水对水量、水压、水质及可靠性的要求随生产工艺的不同有很大的差异。

（3）消防给水系统。按国家对有关建筑物的防火规定所设置的给水系统，是提供扑救火灾用水的主要设施。消防用水对水质的要求低于饮用水标准，但必须按建筑设计防火规范的有关规定，保证有足够的水量和水压。

建筑物的给水系统一般根据使用要求可以联合设置组成："生活—消防"给水系统、"生活—生产"给水系统、"生产—消防"给水系统以及"生活—生产—消防"给水系统。只有大型的建筑或重要物资仓库，才需要单独的消防给水系统。

3. 室内给水系统的给水方式

室内给水方式主要取决于室外提供的水压和水量能否满足室内给水需要

的需求。

（1）直接给水方式。当室外给水管网提供的水压、水量能满足室内最不利点的用水要求时，可采用直接给水方式，如图4.2所示。

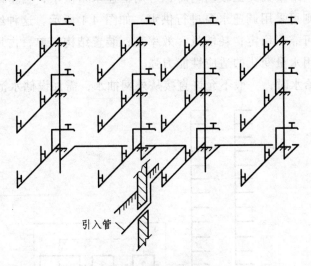

引入管

图4.2　直接给水方式

（2）设水箱的给水方式。当室外给水管网提供的水压周期性不足时，或室外给水管网水压偏高或不稳定时，均可采用设水箱的给水方式，但接管的方式会有所不同，如图4.3所示。

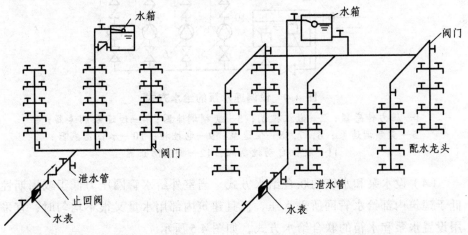

（a）室外管网水压周期性不足时　　（b）室外管网水压偏高或不稳定时

图4.3　设水箱的给水方式

（3）设水泵的给水方式。室外给水管网压力长期偏低，不能满足室内水压要求时，可采用单设水泵的给水方式。

当室内用水量大又比较均匀时，可用恒速水泵供水；当室内用水量变化比较大时，则可采用调速水泵进行供水，如图 4.4 所示。这种给水方式的优点是：运行可靠，稳定；耗能低，效率高；装置结构简单，占地面积小；对管网系统中用水量变化的适应性能力强。

设水泵给水时，一般不允许直接从外网抽水，需加设储水池。

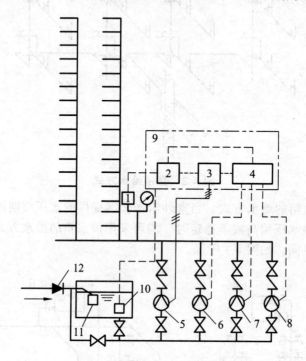

图 4.4 设调速水泵的给水方式

1—压力传感器；2—微机控制；3—变频调速器；4—恒速泵调速器；
5—变频调速泵；6，7，8—恒速泵；9—电控柜；10—水位传感器；
11—液位自动控制阀；12—倒流防止器

（4）设水泵和水箱的联合给水方式。当室外给水管网压力低于或周期性低于建筑内部给水管网所需水压，而且建筑内部用水量又很不均匀时，宜采用设置水泵和水箱的联合给水方式，如图 4.5 所示。

这种给水方式是在多层建筑中使用广泛的一种形式，但水泵仍然应当从储水池中抽水。

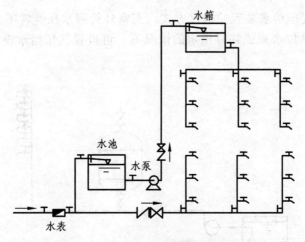

图 4.5　设水泵和水箱联合给水方式

（5）竖向分区供水的给水方式。在高层建筑物中，室外给水管网水压不能满足建筑物上部的需求，需利用水泵加压。为充分利用外网的压力，一般将建筑物下面几层分为一个区，由外网直接供水。上部根据建筑物的实际高度，结合给水管道、配件、附件能承受的压力大小，可考虑是否进一步分区，如图 4.6 所示。

分区给水方式中，根据水泵的设置情况，可分为并联给水和串联给水，并可配合使用减压阀。形式多样，各有特色。

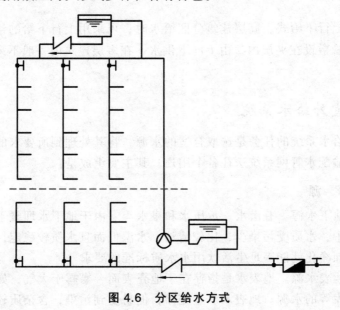

图 4.6　分区给水方式

（6）设气压给水装置的给水方式。当室外管网水压经常不足，而建筑内又不宜设置高位水箱或临时用水的情况下，可设置气压给水设备，如图 4.7 所示。

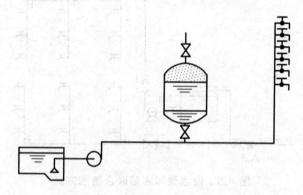

图 4.7　设气压供水装置的给水方式

4. 室内给水系统的管路布置

按照给水管路水平干管在建筑内敷设的位置不同，管路图式可分为下行上给式、上行下给式两种。

（1）下行上给式。水平干管敷设在地下室、专门的地沟内或在底层直接埋地敷设，自下向上供水。民用建筑直接由室外管网供水时，大都采用这种给水方式。

（2）上行下给式。高层建筑分区给水时，可采用上行下给的给水方式，将水平干管敷设在夹层内，由上向下供水，在多层建筑内一般不采用这种管路图式。

4.1.2　室外给水系统

室外给水系统的任务是选取合适的水源，将其处理到所要求的水质标准后，通过输配水管网系统送往各个用户。其主要组成是：

1. 水　源

（1）地下水源。有潜水、承压水和泉水等。由于地下水埋藏于地表以下的地层之中，水质受污染少，比较清洁，水温低而且水质较稳定，一般不需净化或稍加净化就能满足生活饮用水水质标准的要求。

（2）地表水源。地表水是指存在于地壳表面、暴露于大气，如江、河、湖泊和水库等的水源。地表水水量充沛，但易受到污染，含杂质较多，水质和水温都不稳定，需要通过多种处理工艺才能达到饮用水水质标准。

2. 取水构筑物

地下水取水构筑物的形式，与地下水埋深、含水层厚度等水文地质条件有关。随着地下水位的加深，使用的取水构筑物是渗渠、大口井、管井。管井是现在使用最广泛的地下水取水构筑物。

地面水取水构筑物的形式很多，常见的有河床式、岸边式、缆车式、浮船式等。在仅有山溪小河的地方取水，常用低坝、低栏栅等取水构筑物。

3. 净水厂

净水厂的任务就是要对从取水构筑物送来的原水进行净化、消毒等处理，使其符合供水水质标准，未经处理的水不能直接送往用户。

地下水的处理工艺比较简单。地面水的处理工艺流程，一般包括混凝、沉淀、过滤及消毒四个部分。

4. 输配水管网

输配水管网通常包括输水管道、配水管网以及调节构筑物等。

输水管是把净水厂和配水管网联系起来的管道，其特点是只输水而不配水，一般设一条或两条输水管；配水管网的任务是将输水管送来的水分配到用户，配水干管的路线应通过用水量较大的地区，并以最短的距离向最大用户供水；水塔、高位水池和清水池是给水系统的调节设施，其作用是调节供水量与用水量之间的不平衡状况，并保证管网所需水压。

5. 泵 站

泵站是整个给水系统的动力来源。

通常把水源的取水泵站称为一级泵站，任务是把从水源抽升上来的水，送至净化构筑物。连接清水池和输配水管网的泵站称为二级泵站，任务是把净化后的水，送入输配水管网而供给到用户。

4.2 室内给水管道的布置与敷设

给水管道布置和敷设得是否合理，关系到整个建筑物在使用过程中供水的安全可靠性、维护管理的简便性，以及施工安装时是否容易处理与建筑结构和其他管线工程的位置关系等。

4.2.1 室内给水管道的布置

1.引入管的布置

建筑物给水引入管一般只设一条，从靠近用水量最大或不允许间断供水的地方引入，这样可使大口径管道最短，供水较可靠。如室内用水点分布较均匀，则从建筑物的中部引入，以利于水压平衡。布置引入管时，应考虑水表的安装位置，如水表设在室外，则需设置水表井。在寒冷地区还需考虑引入管和水表的防冻措施，且要考虑不受污染，不易受损坏。引入管与其他管道应保持一定的距离，如与室内污水排出管平行敷设，其外壁水平间距不小于 1.0 m；如与电缆平行敷设，其间距不小于 0.75 m。如建筑物内不允许中断供水，可设两根引入管，而且应由室外环形管网的不同侧引入，如图 4.8 所示。若不可能，也可由同侧引入，但两根引入管的间距应在 10 m 以上，并在两接点间安装一个阀门，如图 4.9 所示。

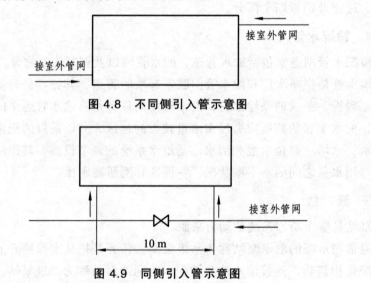

图 4.8　不同侧引入管示意图

图 4.9　同侧引入管示意图

2.室内给水管道的布置要求

（1）确保最佳的水力条件。力求管线简短，管道尽可能与墙、梁、柱平行，呈直线走向，宜采用枝状布置。

（2）确保供水安全。不允许间断供水的建筑，应从室外环状管网不同管段设两条或两条以上引入管，在室内将管道连成环状或贯通树枝状进行双向供水，若无可能，可采取设储水池或增设第二水源等安全供水措施；不允许生活饮用水管道配水附件被杂质和液体淹没，并保证有大于最小空气间隙的空间；不允许给水管道穿过大、小便槽，当干管位于小便槽端部≤0.5 m 时，在小便槽端部应有建筑隔断措施；室内给水管道与排水管道平行埋设和交叉埋设时，管外壁的最小距离分别为 0.5 m 和 0.15 m。交叉埋设时，给水管应布置在排水管上面；当地下管道较多，敷设有困难时，可在给水管道外面加设套管，再由排水管下面通过；生活给水管道不能与输送易燃易爆或有害的气体及液体的管道同沟敷设。

（3）保护管道不受损坏。给水埋地管应避免布置在可能受重物压坏处，如生产设备基础、伸缩缝、沉降缝等处，如遇特殊情况必须穿越时，应采取保护措施。为防止管道腐蚀，给水管不允许布置在烟道、风道内，埋地金属管的外壁，应采用防腐蚀措施。

（4）不影响建筑物和构筑物的使用。管道穿过地下室外墙或地下构筑物的墙壁处，应采取防水措施；管道不要布置在遇水易引起燃烧、爆炸或损坏的原料设备和产品之上；不得穿过配电间、橱窗壁柜、计算机房、图书馆库房、档案馆库区等；管道不要布置在妨碍生产操作和交通运输处，以免影响各种设施的功能和设备的起吊维修。

（5）便于安装、维修，少占建筑空间。立管和干管尽量敷设在管道井、吊顶、管窿内，支管宜敷设在找平层内；管道井的尺寸按管道数量、管径大小、排列方式等确定，当需进入维修时，其通道不宜小于 0.6 m，维修门应开向走廊；给水横管宜有 0.002 ~ 0.005 的坡度坡向泄水装置；给水管道可与其他管道同沟或共架敷设，但给水管应布置在排水管、冷冻管的上面，热水管或蒸汽管的下面。

4.2.2 室内给水管道的敷设

1. 管道敷设方式

明装是指管道在建筑物内沿墙、梁、柱、地板暴露敷设。其特点是造价低，安装维修方便，但由于管道表面积灰，易产生凝结水而影响环境卫生，也有碍室内美观。一般生产车间内的给水管道均采用明装。

暗装是指管道敷设在地下室的天花板下或吊顶中，以及管沟、管道井、管槽和管廊内。采用这种敷设方式，室内整洁、美观，但施工复杂，维护管理不便，工程造价高。一般标准较高的民用建筑、宾馆及工艺要求较高的生产车间（如精密仪器车间、电子元件车间）内的给水管道采用暗装。

2. 管道穿过建筑结构

（1）穿过楼板。管道穿过楼板时，应预先留孔，避免在施工安装时凿穿楼板面。管道通过楼板段应设套管，尤其是热水管道。对于现浇楼板，可以预埋套管。

（2）通过沉降缝。管道一般不应通过沉降缝。实在无法避免时，可采用如下几种办法处理。

① 连接橡胶软管。用橡胶软管连接沉降缝两边的管道。因橡胶软管不能承受太高的温度，故此法只适用于冷水管道。

② 连接丝扣弯头。在建筑物沉降过程中，两边的沉降差可用丝扣弯头的旋转来补偿。此法适用于管径较小的冷热水管道。

③ 安装滑动支架。靠近沉降缝两侧的支架做成滑动支架，只能使管道垂直位移而不能水平横向位移。

（3）通过伸缩缝。室内地面以上的管道应尽量不通过伸缩缝，必须通过时，应采取措施使管道不直接承受拉伸与挤压。室内地面以下的管道，在通过有伸缩缝的基础时，可借鉴通过沉降缝的做法。

4.3 室内给水管道安装

4.3.1 安装准备

1. 熟悉施工图

施工前应熟读施工图，了解设计意图和对施工的要求。

2. 配合土建施工预留孔洞和预埋件

对于给水管道中容易穿过建筑结构的位置，应在土建施工时，积极配合进行预留预埋。如预留管道穿越建筑基础、楼板和墙的孔洞、暗装管道的墙槽和预埋固定管道的支架、吊环等，以保证土建工程和管道施工的质量。预留孔洞的尺寸可参考表 4.1。

表 4.1 预留孔洞尺寸

项次	管道名称		明管	暗管
			留孔尺寸（长×宽）/mm	墙槽尺寸（宽×深）/mm
1	给水立管	管径≤25 mm	100×100	130×130
		管径 32～50 mm	150×150	150×130
		管径 70～100 mm	200×200	200×200

项次	管道名称		明管	暗管
			留孔尺寸（长×宽）/mm	墙槽尺寸（宽×深）/mm
2	一根排水立管	管径≤50 mm	150×150	200×130
		管径 70~100 mm	200×200	250×200
3	二根给水立管	管径≤32 mm	150×100	200×130
4	一根给水立管和一根排水立管在一起	管径≤50 mm	200×150	200×130
		管径 70~100 mm	250×200	250×200
5	二根给水立管和一根排水立管在一起	管径≤50 mm	200×150	200×130
		管径 70~100 mm	350×200	380×200
6	给水支管	管径≤25 mm	100×100	60×60
		管径 32~40 mm	150×130	150×100
7	排水支管	管径≤80 mm	250×200	
		管径 100 mm	300×250	
8	排水主干管	管径≤80 mm	300×250	
		管径 100 mm	350×300	
9	给水引入管	管径≤80 mm	300×200	
10	排水排出管穿基础	管径≤80 mm	300×300	
		管径 100~125 mm	（管径+300）×（管径+200）	

注：给水引入管，管顶上部净空一般不小于 100 mm。

4.3.2 金属给水管道安装

1. 管道安装顺序

管道安装应结合具体条件，合理安排顺序。一般为先地下、后地上；先大管、后小管；先主管、后支管。当管道交叉中发生矛盾时，应按下列原则避让。

（1）小管让大管。

（2）无压力管道让有压力管道，低压管让高压管。

（3）一般管道让高温管道或低温管道。

（4）辅助管道让物料管道，一般管道让易结晶、易沉淀管道。

（5）支管道让主管道。

2. 引入管安装

引入管应垂直外墙面进入建筑，当引入管穿过承重墙或基础时，应预留孔洞，其尺寸随管道直径增加。管顶上部净空不得小于建筑物的沉降量，一般不小于 0.1 m；当沉降量较大时，应由结构设计人员提交资料决定。图 4.10 为引入管穿过带形基础剖面图。当引入管穿过地下室或地下构筑物的墙壁时，应采取防水措施，如图 4.11 所示。

引入管的敷设深度要根据土壤冰冻土深度及地面负荷情况决定。通常敷设在冰冻线以下 20 cm，覆土深度不小于 0.7~1.0 m。

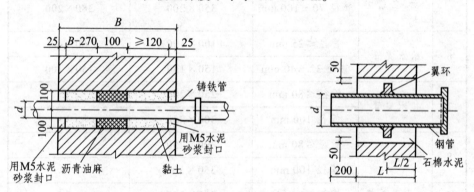

图 4.10　引入管穿过带形基础剖面图

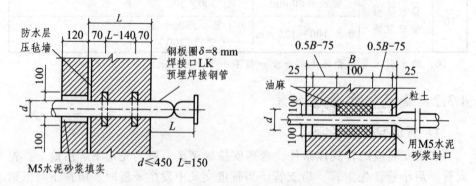

图 4.11　引入管穿过地下室防水措施

图 4.12 为引入管穿越砖墙基础的剖面图，孔洞与管道的空隙应用油麻、黏土填实，外抹 M5 级水泥砂浆，以防雨水渗入。

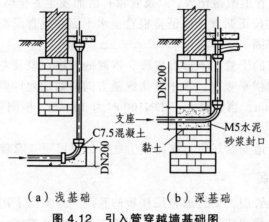

（a）浅基础　　　（b）深基础

图 4.12　引入管穿越墙基础图

引入管上应设阀门，必要时还应设泄水装置，以便于管网维修时放空。

3. 干管安装

室内给水管一般分下供埋地式（由室外进到室内各立管）和上供架空式（由顶层水箱引至室内各立管）两种。

（1）确定干管的位置、标高、管径、坡度、坡向等，正确地按设计图示支架位置开挖土（石）方至所需深度，若未留墙洞，则在应栽支架的部位画出长度大于孔径的十字线，然后打洞栽支架，或采用膨胀螺栓或射钉枪固定支架。

（2）支架应根据图纸要求或管径正确选用，其承重能力必须达到设计要求，栽好的支架，应使埋固砂浆充分牢固后方可安装管道。

（3）地下干管在上管前，应将各分支口堵好，防止泥沙进入管内；在上主管时，要将各管口清理干净，保证管路的畅通；有防腐要求的地方做好防腐处理。

（4）预制好的管子要小心保护好螺纹，上管时不得碰撞，可用加装临时管件方法加以保护。

（5）干管安装时，可先在主干管中心线上定出各分支主管的位置，标出主管的中心线，然后将各主管间的管段长度测量记录并在地面进行预制和预组装（组装长度应以方便吊装为宜），预制时同一方向的主管头子应保证在同一直线上，且管道的变径应在分出支管之后进行；组装好的管子，应在地面进行检查，若有歪斜扭曲，则应进行调直。

（6）上管时，应将管道滚落在支架上，随即用预先准备好的 U 形卡将管子固定，防止管道滚落伤人，以及管钳打滑而发生安全事故；干管安装后，还应进行最后的校正调直，保证整根管子水平面和垂直面都在同一直线上，并在最后固定牢固。

（7）安装完的干管，不得有塌腰、拱起的波浪现象及左右扭曲的蛇弯现象。管道安装应横平竖直。水平管道纵横方向弯曲的允许偏差，当管径小于 DN100 时为 5 mm，当管径大于 DN100 时为 10 mm，横向弯曲全长 25 m 以上时为 25 mm。

（8）埋地管道安装好后，在回填土之前，要填写"隐蔽工程记录"表。

4. 立管安装

（1）安装立管前，要打通各层楼板的孔洞，自上而下用线坠吊在立管的位置上，在墙上弹出或画出垂直线，作为安装时的基准线；再根据给水配件及卫生器具的种类，确定支管的高度。

（2）按如下规定，确定立管管卡的位置：当层高小于或等于 5 m 时，每层须安装一个；当层高大于 5 m 时，每层不得少于两个；管卡的安装高度，应距地面 1.5～1.8 m；两个以上的管卡应均匀安装，成排管道或同一房间的立管卡和阀门等的安装高度应保持一致。并打洞进行立管的管卡安装。

（3）根据干管和支管横线，测出各立管的实际尺寸并进行编号记录，在地面进行楼层立管单元的预制组装；操作时注意保护好末端的螺纹，不得碰坏。

（4）组装好的单元通过检查和调直后可进行安装。上立管时，应两人配合，一人在下端托管，一人在上端上管，上到一定程度时，要注意下面支管头方向，以防支管头偏差或过头。上好的立管要进行最后检查，保证垂直度（允许偏差：每米 4 mm，10 m 以上不大于 30 mm）和离墙距离，使其正面和侧面都在同一垂直线上。最后把管卡收紧，或用螺栓固定于立管上。

为便于支管的安装和后期的检修，安装时支管的甩口要安临时堵头；多层及高层建筑，每隔一层在立管上要安装一个活接头（油任）；立管上的阀门要考虑便于开启和检修；立管穿过楼板处要加套管，套管应高出楼板 50 mm。

5. 支管安装

安装支管前，可根据测量尺寸进行横支管的预制和组装（组装长度以方便上管为宜），检查调直后进行安装。

明装的支管，支管支架宜采用管卡作支架。为保证美观，其支架宜设置于管段中间位置（即管件之间的中间位置）。

给水立管和装有 3 个或 3 个以上配水点的支管始端，以及给水闸阀后面，按水流方向均应设置可装拆的连接件（油任）。

给水支管的安装一般先做到卫生器具的进水阀处，以下管段需在安装器具时连接。

给水支管上若要安装水表，一般用连接管代替水表，需在系统试压后再拆下连接管，安装水表。

4.3.3　PPR 管道安装

PPR 管作为新型的饮用水给水管材，正逐步取代镀锌钢管，其主要的优势在于：节约金属管材；抗腐蚀能力强；管道连接时采用相同材质的管件，价格低；管件与管材线膨胀系数一致；热熔连接，操作方便，可靠性高。

由于 PPR 管的线膨胀系数比钢管大很多，系统中需设热补偿装置。当管子不长时，可用自然弯头代替补偿器；当管子较长时，每隔一定距离应装一个补偿器，补偿器的补偿能力要根据线膨胀系数、温度变化值、支承架的间距等来确定。补偿器可以是管子本身直接弯成"Ω"形补偿器，一般直径在100 mm 以下的管子采用；大直径管子，有时每隔一定距离焊一小段软聚氯乙烯管当作补偿器用，或翻边黏结；也可以把管子压成波形补偿器，波数可以是一个或几个。

PPR 管安装要点：

（1）管道一般不明装，在室内采用明装必须有相应的保护措施。

（2）管道暗敷在墙面时，宜在土建时预留凹槽，尺寸设计无规定时，可按深度 20 mm，宽度 40~60 mm 预留。凹槽表面必须平整，不得有尖锐突出物。

（3）管道暗敷在地坪面层或顶棚层时，应按设计图纸施工，如施工现场进行更改，需在图纸上明确标示。

（4）暗敷在墙面和地坪面层的管道，在封闭前应进行管道试压和隐蔽工程的验收记录。

（5）管道安装时，不得有轴向扭曲，也不宜强制校正。PPR 管与其他金属管道平行敷设时，应有一定保护距离，净距离不宜小于 100 mm，且 PPR 管应在金属管内侧。

（6）管道穿过楼板时，应设置钢套管，套管应高出楼板 50 mm，并有防水措施。管道穿越屋面时，应采取严格的防水措施。穿越前端应设固定支架。

（7）管道穿墙时，应预留孔洞，尺寸比管道外径大 50 mm，安装后回填密实。

（8）建筑物埋地敷设时要注意：

① 室内地坪以下管道铺设应在土建工程回填土夯实以后，重新开挖进行。严禁在回填土之前或未经夯实的土层中铺设。

② 铺设管道的沟底应平整，不得有突出的坚硬物体。土壤的粒径不宜大于 12 mm，必要时应铺 100 mm 厚的砂垫层。

③ 埋地管道回填时，管周回填土不得夹杂坚硬物体与管壁直接接触。应先用砂土或粒径小于 12 mm 的土壤回填至管顶以上 300 mm 处，经夯实后方可回填原土，并分层夯实。室内埋地管的埋置深度不宜小于 300 mm。

④ 管道出地坪处应设置护管，其高度应高出地坪 100 mm。

⑤ 管道在穿基础墙时，应设置金属套管。套管与基础墙预留孔上方的净空高度不应小于 100 mm。

（9）PPR 管不能靠近输送高温介质的管道敷设，也不能安装在其他大于 60 ℃的热源附近；安装时还应该避免受阳光直射。

（10）在安装支架时，PPR 管不得直接与金属支、吊架相接触，而应在管道与支吊架间加衬非金属垫或套管。支吊架或管卡的最大间距如表 4.2 所示。

表 4.2　PPR 冷水管支吊架或管卡的最大间距

公称外径/mm	20	25	32	40	50	63	75	90	110
横管/m	0.40	0.50	0.65	0.80	1.00	1.20	1.30	1.50	1.60
立管/m	0.70	0.80	0.90	1.20	1.40	1.60	1.80	2.00	2.20

4.3.4　管道和阀门安装的允许偏差

管道和阀门安装的允许偏差如表 4.3 所示。

表 4.3　管道和阀门安装的允许偏差

项次	项	目		允许偏差/mm
1	水平管道纵横方向弯曲	钢管 薄壁不锈钢管	每米 全长 25 m 以上	1 ≤25
		塑料管 复合管	每米 全长 25 m 以上	1.5 ≤25
		铸铁管	每米 全长 25 m 以上	2 ≤25

项次	项 目		允许偏差/mm
2	立管垂直度	钢管 薄壁不锈钢管 每米 5 m 以上	3 ≤8
		塑料管 复合管 每米 5 m 以上	2 ≤8
		铸铁管 每米 5 m 以上	3 ≤10
3	成排管段和成排阀门	在同一平面上间距	3

4.4 室内给水管道附件及给水设备安装

4.4.1 阀门安装

阀门安装前，应做耐压强度试验。试验应在每批（同牌号、同规格、同型号）数量中抽查 10%，且不少于 1 个，如有漏、裂不合格的应再抽查 20%，仍有不合格的则需逐个试验。对于安装在主干管上起切断作用的闭路阀门，应逐个做强度和严密性试验。强度和严密性试验压力应为阀门出厂规定压力。

阀门安装时应注意：

（1）一些阀门只允许安装在水平管或立管中，必须按规定安装。

（2）介质的流动方向与阀体上的箭头方向一致，不得装反。

（3）阀门安装要方便操作、安装和维修。

（4）明杆阀门不能装在地下，以防阀杆锈蚀。

（5）吊装、搬运时，绳索应拴在法兰上，切勿拴在手轮或阀件上，以防折断阀杆。

4.4.2 水表安装

水表的安装地点应便于检修，便于人工抄表读数，水表不易损坏、不受污染、不受冻结、不被曝晒。分户水表一般安装在室内给水横管上，住宅建筑总水表安装在室外水表井中，南方多雨地区亦可在地上安装。水表安装见标准图集，水表外壳上箭头方向应与水流方向一致。

翼轮式水表只允许水平安装，水表前后直线管段的最小长度不小于 300 mm；螺翼式水表的前端为 8~10 倍水表接管直径。

设有消火栓或不允许间断供水，有且只有一条引入管时，应设水表旁通管，其管径与引入管相同，管道上设阀门，平时关闭且加以铅封。

水表的前后和旁通管上应分别装设检修阀门，水表与表后阀门之间应装设泄水装置。

住宅建筑的分户水表和表前阀门之间宜装橡胶接头进行减振，表后可不装阀门及泄水装置。

由市政给水管网直接供水的独立消防给水系统的引入管，在取得当地供水部门同意后，可不装水表。

4.4.3 水箱安装

水箱在室内给水系统中主要起到调节水量、储存水量、稳定系统水压的作用。根据安装位置，水箱可分为高位水箱、中转水箱；根据外形，水箱有圆形、方形和矩形；根据使用材料，有钢板、钢筋混凝土、木质和一些新型材料水箱。

高位水箱一般设置在屋顶，露天设置、放水箱间内或设在闷顶内，要求水箱内的水质能够得到很好的保护，露天设置的水箱都应设保温层；中转水箱设在设备间或其他合适安装的位置。

1. 水箱配管

水箱附件如图 4.13 所示。

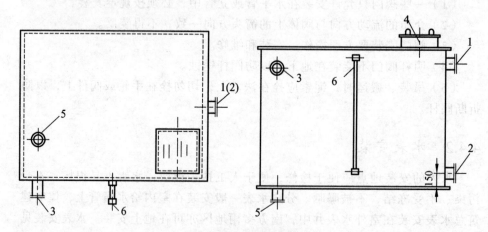

图 4.13　水箱附件

1—进水管；2—出水管；3—溢流管；4—人孔；
5—泄水管；6—液位计

（1）进水管。当水箱直接由管网进水时，进水管上应装设不少于两个浮球阀或液压水位控制阀，两个进水口的高度必须一致，同时需在每个阀前设置阀门；当水箱利用水泵加压供水，并采用水箱液位自动控制水泵启闭时，在进水管出口处不可设浮球阀或液压水位控制阀。

利用城市管网压力直接进水时，还需在进水管的起始端设倒流防止器，防止水箱向城市管网倒流污染。

进水管管径按水泵流量或室内设计秒流量计算决定。

进水管距水箱上缘应有 150~200 mm 距离，并应高出溢流口且不得小于进水管管径的 2.5 倍。

（2）出水管。管口下缘应高出水箱底 50~100 mm，以防污物流入配水管网。出水管与进水管可以分别和水箱连接，也可以合用一条管道，合用时出水管上设有止回阀。

（3）溢流管。溢流管的管口应高于水箱设计最高水位 20 mm，以控制水箱的最高水位。其管径应比进水管的管径大 1~2 号。为使水箱中的水不受污染，溢流管不得与排水系统直接连接，必须连接时，应做空气隔断和水封装置；溢流管的出水口应设网罩，且溢流管上不得安装阀门。

（4）泄水管。泄水管是作为放空水箱使用的。泄水管应由箱底的最低处接出，通常连接在溢流管上，但泄水管上必须装设阀门。泄水管的管径一般比进水管径小 1 号，但不得小于 50 mm。

（5）信号装置。信号管的安装高度为报警水位，一般高出最高水位 50 mm，然后通到有值班人员的水泵房内的污水盆或地沟处，管上不装阀门，管径一般为 32~40 mm。同时应设液位计，将水位信号转换为电信号，传送至监控中心，并实现自动液位控制。

2．水箱的安装

安装时将水箱稳在放好基准线的基础上，找平找正，再进行固定。安装时水箱与周边的安装尺寸参见表 4.4。

表 4.4　水箱之间及水箱顶与建筑物结构之间的最小距离

水箱形式	水箱至墙面距离/m		水箱之间净距/m	水箱顶至建筑结构最低点间距离/m
	有浮球阀侧	无浮球阀侧		
圆形	0.8	0.7	0.7	0.8
矩形	1.0	0.7	0.7	0.8

水箱的安装高度应满足建筑物内最不利配水点所需的流出水头，并经管道的水力计算确定。根据构造上的要求，水箱底距顶层板面的高度最小不得小于 0.4 m。

水箱的防腐及保温应按设计图纸要求施工。一般情况，对钢制水箱，其内外表面均应涂防锈漆，但内表面的涂料，不得影响水质，以樟丹为宜。水箱和管道有冻结和结露可能时，必须设有保温层。露天设置的水箱，无论冻结与否，都应设保温层，目的是避免水温升高，引起水的余氯加速挥发，导致水质污染。

4.4.4 水泵安装

水泵是给水系统的加压设备，克服管道阻力和楼层高度，将水输送到用水点，水泵的正确安装和运转对给水系统的供水安全影响很大。

1. 机组布置

室内给水系统多采用离心式水泵，机组要根据机房的条件和水泵的外形尺寸、质量等，合理选用布置形式。机组的平面布置要便于起吊设备的操作，应力求管线最短，弯头最少，管路便于连接，并留有一定的走道和空地，以便于维护检修时能拆卸、放置水泵和电机，如表 4.5 所示。要根据供水可靠性的要求，配备一定数量的备用机组。

表 4.5 水泵机组的布置要求

电动机额定功率/kW	水泵机组外廊面与墙面之间的最小间距/m	相邻水泵机组外廊面之间的最小间距/m
≤22	0.8	0.4
>25~55	1.0	0.8
55~160	1.2	1.2

2. 基础施工

水泵基础是固定水泵机组的位置，承受水泵机组的质量以及运转时所引起的振动力，所以要求基础不仅施工尺寸正确，还必须具有足够的强度和刚度，水泵机组基础一般采用混凝土灌注。

（1）基础尺寸的确定。混凝土基础应设在坚实的土层上。为保证基础有较好的稳定性，基础承载质量应为机组质量的 3~5 倍。基础的尺寸应按设计图纸的要求或按随设备带来的基础资料确定。基础的长度和宽度要比设备底座的长和宽各大 100 ~ 150 mm；基础高度应为地脚螺栓在基础内的长度再加 150 ~ 200 mm，但总的厚度不得小于 500 ~ 700 mm；地脚螺栓埋入基础内的长度，根据螺栓的直径而定。一般直径 10 ~ 20 mm 的螺栓（钩式螺栓）埋入深度为 200 ~ 400 mm，随着螺栓直径的增大，埋入的深度也应相应增加。

（2）基础放线开挖。根据水泵机组在设计图纸上的安装位置，首先在地面上定出各台水泵的纵横中心线，并打上中心桩，再以纵横中心线为基准，将基础平面尺寸在地面上放线，用石灰标出其范围，然后按照要求进行基坑开挖。

（3）基础灌注。基础灌浆分一次灌浆和二次灌浆两种。

一次灌浆法是在灌注混凝土前，将地脚螺栓按各部尺寸先固定在基础模板框架上，然后一次将其浇灌在基础内。采用这种方法施工，地脚螺栓与混凝土黏结坚实牢固，其抗拉、抗震能力强，但浇灌混凝土时由于不可避免的振动和碰撞，加上安放地脚螺栓时的误差，容易引起地脚螺栓位置的偏移，给设备的就位安装工作带来困难，因此，一次灌浆法不适用于大中型水泵机组的基础施工。

二次灌浆法是指在浇灌基础时，在基础中预留地脚螺栓孔，待机组安装就位后，再向预留孔内灌注水泥砂浆，使地脚螺栓固定在基础内。这种方法的优点是设备安装和调整方便。但预留孔内浇灌的水泥砂浆与基础的结合不够牢固，因而地脚螺栓的抗拉、抗震性比一次灌浆法差，同时因要预留螺栓孔，而增加了模板的工作量。尽管如此，大多数的设备安装还是采用二次灌浆法。

一般用作机械设备基础的混凝土强度等级为 C10 或 C15，常温下养护48 h 后即可拆模板，然后继续养护至达到设计强度的 70%时，便可进行机组就位安装。

3. 底座的安装

先进行底座的安装。当基础的尺寸、位置、标高符合设计要求后，将底座置于基础上，套上地脚螺栓，调整底座并使底座的纵横中心位置与设计位置相一致；然后调整底座水平；在混凝土强度达到75%后，将地脚螺栓的油脂、污垢清除干净，拧紧地脚螺栓的螺母；最后用水泥砂浆将底座与基础之间的缝隙嵌填充实，再用混凝土将底座填满填实，以保证底座稳定。地脚螺栓的安装构造如图 4.14 所示。

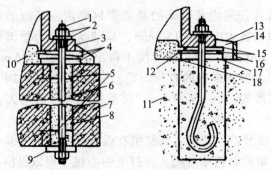

（a）带锚板地脚螺栓孔浇灌　（b）地脚螺栓垫铁和灌浆部分示意图

图 4.14　水泵地脚螺栓图

1—地脚螺栓；2—螺母、垫圈；3—底座；4—垫铁组；5—砂浆层；6—预留孔；
7—基础；8—砂层；9—锚板；10—二次灌浆层；11—地坪或基础；
12—底座底面；13—灌浆层斜面；14—灌浆层；15—成对斜垫铁；
16—外模板；17—平垫铁；18—麻面

4. 机组安装

离心泵机组分带底座和不带底座两种形式。一般小型离心泵出厂时均与电动机装配在同一铸铁底座上；口径较大的泵出厂时不带底座，水泵和电动机直接安装在基础上。

（1）带底座水泵的安装。安装带底座的小型水泵时，先在基础面和底座面上画出水泵中心线，然后将底座吊装在基础上，套上地脚螺栓和螺母，调整底座位置，使底座上的中心线和基础上的中心线一致。然后，用水平仪在底座加工面上检查是否水平。不水平时，可在底座下承垫垫铁找平。垫铁的种类如图 4.15 所示。

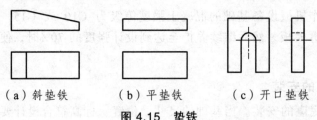

（a）斜垫铁　　　　（b）平垫铁　　　　（c）开口垫铁

图 4.15　垫铁

垫铁的平面尺寸一般为 60 mm × 80 mm ~ 100 mm × 150 mm，厚度为 1 ~ 20 mm。垫铁一般放置在底座的四个角下面，每处叠加的数量不宜多于三块。垫铁找平后，拧紧设备地脚螺栓上的螺母，并对底座水平度再进行一次复核。底座装好后，把水泵吊放在底座上，并对水泵的轴线、进出水口中心线和水泵的水平度进行检查和调整。

如果底座上已装有水泵和电动机时，可以不卸下水泵和电动机而直接进行安装，其安装方法与无共用底座水泵的安装方法相同。

（2）无共用底座水泵的安装。安装顺序是先安装水泵，待其位置与进出水管的位置找正后，再安装电动机。吊装水泵时一定要注意，钢丝绳只能系在吊装环上。

水泵就位后应进行找正。水泵找正包括中心线找正、水平找正和标高找正。

水泵找正找平后，方可向地脚螺栓孔和基础与水泵底座之间的空隙内灌注水泥砂浆。待水泥砂浆凝固后再拧紧地脚螺栓，并对水泵的位置和水平进行复查，以免水泵在二次灌浆或拧紧地脚螺栓过程中发生移动。

（3）电动机安装。安装电动机时，以水泵为基准，将电动机轴中心调整到与水泵的轴中心线在同一条直线上。通常是靠测量水泵与电动机连接处两个联轴器的相对位置来完成，即把两个联轴器调整到既同心又相互平行。调整时，两联轴器间的轴向间隙，应符合安装要求。

两联轴器的轴向间隙，可用塞尺在联轴器间的上、下、左、右四点测得；塞尺片最薄为 0.03～0.05 mm。各处间隙相等，表示两联轴器平行。测定径向间隙时，可把直角尺一边靠在联轴器上，并沿轮缘圆周移动。如直角尺各点都和两个轮缘的表面靠紧，则表示联轴器同心。电动机找正后，拧紧地脚螺栓和联轴器的连接螺栓，水泵机组即安装完毕。

5. 水泵配管安装

（1）水平管段安装时，应有坡向水泵 0.005 的坡度。

（2）吸水管靠近水泵进水口处，应有一段长 2～3 倍管径的直管段，避免直接安装弯头；但吸水管段要短，配管及弯头要少，吸水管应设有支撑件。

（3）水泵的吸水管如变径，应采用偏心大小头，并使平面朝上，带斜度的一段朝下（以防止产生"气囊"）。

（4）水泵出口应安装阀门、止回阀、压力表，其安装位置应朝向合理、便于观察，压力表下应设表弯。

（5）水泵房内的阀门，一般采用明杆或蝶阀，以便观察阀门的开启程度，避免误操作引起事故。

（6）配管安装时，管道与泵体连接不得强行组合连接，且管道质量不能附加在泵体上。

（7）吸水端的底阀应按设计要求设置滤水器或以铜丝网包缠，防止杂物吸入水泵。

（8）设备减振应满足设计要求，立式泵不宜采用弹簧减振器。

（9）管道与泵连接后，不应在其上进行电气焊，如有再次焊接的需要，应采取保护措施。

（10）管道与泵连接后，应复查泵的原始精度，如因接管引起偏差，应调整管道。

4.5 室外给水管道安装

1. 安装准备

熟悉设计图纸，了解管道敷设路线情况。根据管线平面图，用经纬仪测定管线的中心线，在管道分支、变坡、转弯及井室中心等处设中心桩，同时沿管线每隔 10～15 m 处设坡度桩，沟槽开挖前，在管道中心线两侧各量 1/2 沟槽上口宽度，拉线撒白灰，定出管沟开挖边线，称为放线。

2. 沟槽开挖与基础

（1）一般稳固的土壤管道沟槽断面形式有直壁、放坡以及直壁与放坡结合等形式，管沟断面形式的确定应根据现场施工环境、施工设备、土质条件、沟槽深度、气象条件和施工季节等因素综合确定。沟槽放坡按国家现行标准《给水排水管道工程施工及验收规范》GB 50268 的规定执行。

（2）槽底最小宽度应根据管材、土质条件、断面形式及深度确定。沟槽底的宽度可参考表 4.6 的要求。

表 4.6　沟槽底宽度尺寸表

管材名称	管径/mm				
	50～75	100～200	250～350	400～450	500～600
铸铁管、钢管、石棉水泥管	700	800	900	1 100	1 500
陶土管	800	800	1 000	1 200	1 600
钢筋混凝土管	900	1 000	1 000	1 300	1 700

（3）管道沟槽应按设计的平面位置和标高开挖。人工开挖且无地下水时，沟底余留值宜为 0.05～0.10 m；机械开挖或有地下水时，沟底余留值不应小

于 0.15 m。预留部分在管道敷设前由人工清底至设计标高。

（4）管道必须敷设在原状土地基上，局部超挖部分应回填夯实。当沟底无地下水时，超挖在 0.15 m 以内时，可用原土回填夯实，其密实度不应低于原地基天然土的密实度；超挖在 0.15 m 以上时，可用石灰土或砂填层处理，其密实度不应低于 95%。当沟底有地下水或沟底土层含水量较大时，可用天然砂回填。

（5）沟底遇有废旧构筑物、硬石、木头、垃圾等杂物时，必须在清除后铺一层厚度不小于 0.15 m 的砂土或素土，且平整夯实。

（6）管道附件或阀门，管道支墩位置应垫碎石，夯实后按设计要求设混凝土找平层或垫层。

（7）对软弱管基及特殊性腐蚀土壤，应按设计要求进行处理；对岩石基础，应铺垫厚度不小于 0.15 m 的砂层。

3. 下 管

下管是指把管子从地面放入沟槽内。下管方法分人工下管和机械下管。下管方法的选择可根据管径大小、管道长度和质量，管材和接口强度，沟槽和现场情况及拥有的机械设备等条件而定。当管径较小、质量较轻时，一般采用人工下管；当管径较大、质量较重时，一般采用机械下管。下管时应谨慎操作，保证人身安全。操作前，必须对沟壁情况、下管工具、绳索、安全措施等认真地检查。

遇有需要安装阀门处，应先将阀门与其配合的两端短管安装好，而不能先将短管与管子连接后再与阀门连接。

4. 管道连接

室外给水管道使用的材料有铸铁管、钢筋混凝土管、镀锌钢管、PE 塑料管等，分别可以采用法兰连接、承插式连接等不同的连接形式，安装时应按照第 3 章中管道连接的要求进行操作。

5. 沟槽回填

回填时应留出管道连接部位，连接部位应待管道水压试验合格后再进行回填。回填时应先填实管底，再同时回填管道两侧，然后回填至管顶 0.5 m。若沟槽内有积水，须将积水排尽后再继续回填。管道两侧及管顶以上 0.5 m 内的回填土，不得含有碎石、砖块、垃圾等杂物，不得用冻土回填。回填土应分层夯实，每层厚度应为 0.2 ~ 0.3 m，管道两侧及管顶以上 0.5 m 内的回填土必须人工夯实，当回填土超出管顶 0.5 m 时，可使用小型机械夯实。

6. 管道的冲洗消毒

管道分段试压合格后，应对整条管道进行冲洗消毒。冲洗消毒前，应把管道中已安装好的水表拆下，以短管代替，使管道接通，并把需冲洗消毒管道与其他正常供水干线或支线断开。消毒前，先用高速水流冲洗水管，在管道末端选择几点将冲洗水排出。当冲洗到所排出的水内不含杂质时，即可进行消毒处理。

进行消毒处理时，先把消毒段所需的漂白粉放入水桶内，加水搅拌使之溶解，然后随同管内充水一起加入到管段，浸泡 24 h。然后放水冲洗，并连续测定管内水的浓度和细菌含量，直至合格为止。

新安装的给水管道消毒时，每 100 m 管道用水及漂白粉用量可按表 4.7 选用。

表 4.7　每 100 m 管道消毒用水量及漂白粉量

管径 DN/mm	15~50	75	100	150	200	250	300	350	400	450	500	600
用水量/m³	0.8~5	6	8	14	22	32	42	56	75	93	116	168
漂白粉刷量/kg	0.09	0.11	0.14	0.14	0.38	0.55	0.93	0.97	1.3	1.61	2.02	2.9

第5章 室内外排水系统安装

5.1 概 述

5.1.1 室内排水系统

1. 室内排水系统的任务

室内排水系统的任务就是把室内的生活污水、工业废水和屋面雨、雪水及时畅通无阻地排至室外排水管网或处理构筑物。

2. 室内排水系统的分类

根据排除的污水性质，室内排水系统可分为生活污（废）水系统、生产污（废）水系统和雨水系统。上述三种污（废）水如果分别设置管道排出建筑物外，称为室内排水分流制；若将其中两类或三类污（废）水合流排出，则称为室内排水合流制。

3. 室内排水系统的主要组成及其作用

室内排水系统的主要组成及其作用如图5.1所示。

（1）卫生器具。洗脸盆、污水盆、浴盆、淋浴器、大便器、小便器等。

（2）排水管道系统。由器具排水管、排水横支管、排水立管、埋地总干管和排出管等组成。

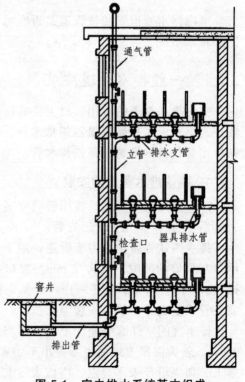

图 5.1 室内排水系统基本组成

（3）通气管系统。设置通气管系统，可使排水管道系统与大气相通，减少排水管道中气压的波动，防止卫生器具水封的破坏，排出管道中的有毒有害气体，还可减轻管道中废气对管道的腐蚀危害。

（4）清通设备。一般有检查口、清扫口、检查井等，作为疏通管道之用。

（5）抽升设备。高层建筑地下室内的污水，不能自行流至室外时，必须设置污水抽升设备。

5.1.2 室外排水系统

室外排水系统的任务主要是将生活及生产的污（废）水、雨雪水，输送、汇集并进行各种处理，使之达到允许的排放标准后，排入江河、湖泊等水体。

室外排水系统由排水管网和污水处理系统组成。

5.2 室内排水管道安装

室内排水管道安装按管道是否穿越楼板进入他户可分为异层排水系统和同层排水系统。

5.2.1 一般排水管道安装

室内排水管道的常用管材主要有排水铸铁管和硬聚氯乙烯管。在民用住宅中，已普遍采用硬聚氯乙烯排水管，在高层建筑中也将以柔性接口机制铸铁排水管代替砂模铸造铸铁排水管。

1. 铸铁排水管道的安装

（1）排出管的安装。排出管的安装铺设原则：① 先地下后地上；② 先大管后小管；③ 先主管后支管。

排水铸铁管属于重力流管道，地下部分铸铁排水管一般采用承插连接，承口与插口的间隙一般为 6 mm，接口材料采用石棉水泥，不得用水泥砂浆抹口。室内排水管的施工顺序一般是先做地下管线（即安装排出管）；然后安装立管或横支管；最后安装卫生器具。

排出管的室外部分埋深不应小于当地冰冻线，室内部分埋深一般最小为 0.7 m，若为混凝土地面也不应小于 0.4 m。排水管道必须按设计规定的坡度施工，如果设计未作规定，应按表 5.1 规定的坡度施工，必要时可在短距离内加大坡度，但不得超过 0.15。

表 5.1　排水管道的标准坡度和最小坡度

管径 DN/mm	工业废水（最小坡度）		生活污水	
	生产废水	生产污水	标准坡度	最小坡度
50	0.020	0.030	0.035	0.025
75	0.015	0.020	0.025	0.015
100	0.008	0.012	0.020	0.012
125	0.006	0.010	0.015	0.010
150	0.005	0.006	0.010	0.007
200	0.004	0.004	0.008	0.005

　　排出管自建筑物至室外排水检查井中心的距离不宜小于 3.0 m。一般先将排出管做出建筑物外墙 1.0 m 处，待室外管道和检查井施工后，再接入井内，排出管与室外排水管应采用管顶相平或排出管略高。

　　排出管穿过建筑物基础或承重墙时应预留洞口（见图 5.2），上部净空不小于 0.15 m。穿过地下室外墙时可采用刚性防水套管。排出管与排水立管的连接应采用两个 45°弯头或弯曲半径为 4 倍管径的 90°弯头，并在弯头下面砌筑砖支墩。

　　排出管及在地坪以下的立管在隐蔽前必须做灌水试验，合格后方可回填土或进行隐蔽。

　　（2）排水立管的安装。在排水立管上每隔两层设置一个检查口，但在最底层和有卫生器具的最高层必须设置。如为两层建筑，可仅在底层设置检查口。

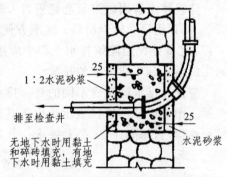

25
1:2水泥砂浆
排至检查井
无地下水时用黏土
和碎砖填充，有地
下水时用黏土填充
25
水泥砂浆

图 5.2　排出管穿墙基础图

立管上如果有乙字弯管，则在该层乙字弯管的上部设置检查口。立管上两个检查口之间的距离不得大于 10 m。检查口的高度，从地面至检查口中心为 1.0 m，允许偏差为 ±20 mm，并应高于本层卫生器具上边缘 150 mm。检查口的朝向应便于维修，对于暗装立管，在检查口处应安装检修门。立管离墙的距离及楼板留洞尺寸参见表 5.2。

表 5.2　立管离墙的距离及楼板留洞尺寸

管径/mm	50	75	100	150
管轴与墙面距离/mm	100	110	130	150
楼板留洞尺寸/mm	100×100	200×200		300×300

（3）排水横支管及通气管的安装。排水立管与横管的连接以及横管与横管之间的连接宜采用 45°三通或 45°四通和 90°斜三通或 90°斜四通。立管上连接横管的三通或四通口中心距楼板底面一般以 350~400 mm 为宜。通气管不得与风道和烟道连接，高出层面不得小于 300 mm，但必须大于最大积雪厚度。排水横管的坡度见表 5.1。排水管不得穿越沉降缝，烟道和风道，并避免穿过伸缩缝。在连接 2 个及 2 个以上大便器或 3 个及 3 个以上卫生器具的污水横管时，应设置清扫口。当污水管在楼板下悬吊敷设时，可将清扫口设在上一层楼地面上。污水管起点的清扫口与管道相垂直的墙面距离，不得小于 200 mm；若污水管起点设置堵头代替清扫口，则与墙面距离不得小于 400 mm。

排水管道上的支吊架应牢固可靠，其间距要求：横管不大于 2 m；立管不得大于 3 m。层高小于或等于 4 m 时，立管上可安装一个支架。

2. 排水塑料管的安装

建筑排水管用硬聚氯乙烯管件（即 UPVC 或 PVC-U，以下简称排水塑料管），具有质轻、易于切断，施工方便，水力条件好的特点，因而在建筑排水工程，尤其是民用建筑排水工程中应用十分广泛，它适用于水温不大于 40 °C 的生活污水和工业废水的排放。

与普通排水铸铁管不同的是，排水塑料管及管件的规格不是以公称直径表示，而是以公称外径表示。由于其连接方式采用承插黏结，因而对管材外径和承口内径都有一定公差要求，其具体尺寸见表 5.3。

表 5.3　直管及黏结口尺寸

公称直径 /mm	平均外径极限偏差 /mm	直管壁厚/mm		黏结承口/mm		
				承口内径		承口深度（最小）
		基本尺寸	极限偏差	最小	最大	
40	+0.3	2.0	+0.4	40.1	40.4	25
50				50.1	50.4	25
75		2.3		75.1	75.5	40
90				90.1	90.5	46
110	+0.4	3.2	+0.6	110.2	110.6	48
125				125.2	125.6	51
160	+0.5	4.0		160.2	160.7	58

（1）管道安装的一般规定。管道应按设计规定设置检查口或清扫口，当立管设置在管道井、管廊（即为布置管道而构筑的狭小的不进人空间）或横管在吊顶内时，在检查口或清扫口位置应设检修门。立管和横管应按设计要求设置伸缩节。当楼层高度小于 4 m 时，立管（包括通气立管）应每层设一个伸缩节；横管上无汇合管件的直线管段大于 2 m 时，应设伸缩节，但伸缩节之间的最大间距不得大于 4 m。住宅内排水立管上的伸缩节安装高度一般为距地坪 1.2 m。当设计对伸缩节的伸缩量未作规定时，管端插入伸缩节处预留的间隙应为：夏季施工时为 5~10 mm；冬季施工时为 15~20 mm。

管道支承件的间距，立管管径为 50 mm 时，不得大于 1.2 m，管径大于或等于 75 mm 时，不得大于 2 m，横管直线管段支承件间距应符合表 5.4 的规定。非固定支承件的内侧应光滑，与管壁间应留有微隙。

表 5.4　横管直线管段支承件间距

管径/mm	40	50	75	90	110	125	160
间距/m	0.40	0.50	0.75	0.90	1.10	1.25	1.60

塑料管与铸铁管连接时，宜采用专用配件。当采用石棉水泥或水泥捻口连接时，应先把塑料管插口外表面用砂布打毛或涂刷胶粘剂后滚粘干燥的粗黄沙，插入铸铁承口后再填嵌油麻，用石棉水泥或水泥捻口。塑料管与钢管、排水栓连接时采用专用配件。

在设计要求安装防火套管或阻火圈的楼层，应先将防火套管或阻火圈套在欲安装的管段上，然后进行管道接口连接。

（2）管道黏结。排水塑料管的切断宜选用细齿锯或割管机具，端面应平整并垂直于轴线，且应清除端面毛刺，管口端面处不得有裂痕、凹陷。插口端可用中号板锉锉成 15°~30° 坡口，坡口厚度宜为管壁厚度的 1/3~1/2。在黏结前应将承口内面和插口外面擦拭干净，无灰尘和水迹。若表面有油污，要用丙酮等清洁剂擦净。插接前要根据承口深度在插口上画出插入深度标记。胶粘剂应先涂刷承口内面，后涂插口外面所作插入深度标记范围以内。注意胶粘剂的涂刷应迅速、均匀、适量、无漏涂。承插口涂刷胶粘剂后，应即找正方向将管子插入承口，施加一定压力使管端插入至预先画出的插入深度标记处，将管子旋转约 90°。并把挤出的胶粘剂擦净，让接口在不受外力的条件下静置固化，低温条件下应适当延长固化时间。

胶粘剂的安全使用要注意以下几点：① 胶粘剂和清洁剂的瓶盖应随用随开，不用时盖严，禁止非操作人员使用；② 管道、管件集中黏结的预制场所，严禁明火，场内应通风；③ 冬季施工，环境温度不宜低于 - 10 ℃；当施工

环境温度低于 - 10 ℃时，应采取防寒防冻措施。施工场所应保持空气流通，不得密闭；④ 黏结管道时，操作人员应站在上风处，且宜佩戴防护手套、防护眼镜和口罩。

（3）室内排水系统试验。室内排水管道安装完成后，要用灌水法进行试验，以检查管道和接口的严密性。

对生活和生产排水管道系统，管内灌水高度要达到一层楼高度（不超过 0.5 MPa）。凡埋地和暗装的排水管道，在隐蔽前必须做灌水试验；各楼层的立管和横支管，也要逐层做灌水试验，具体方法可使用试漏胶囊，通过检查口插入立管，再充气封堵管道，即可进行灌水试验；灌水试验满水 15 min，液面如下降，再灌满延续 5 min，液面不下降为合格。

排水管道系统还应进行通水试验，并由上而下进行，在面盆、浴缸等卫生器具放满水进行试验，以排水通畅、不漏不堵为合格。通水试验还应在给水系统的 1/3 配水点同时用水的情况下进行。试验结果应排水通畅，排水点及管道系统无渗漏为合格。

有的地区还规定，对住宅（包括多层住宅）工程的排水系统的排水主管、横干管及排出管还要进行通球试验。试验用球一般采用硬质空心塑料球，球的外径应为管道内径的 1/2 ~ 3/4。

5.2.2　同层排水管道安装

1. 概　述

同层排水技术是指卫生器具排水管不穿楼板，而排水横管在本层与排水立管连接的方式。同层排水技术的优点是：产界明确、产权纠纷少、管道维修不干扰下层住户，卫生间卫生器具布置灵活、安装方便、排水噪声小、管道不结露。图 5.3 为卫生间脱卸式同层排水（TTC）布置图。

2. 分　类

目前，国内同层排水技术按排水横管不同、敷设位置和管件不同，可分为三种类型。

（1）墙体隐蔽式同层排水系统，其主要特点是坐便器的冲洗水箱和给水排水管道均隐蔽在墙体内。

（2）排水集水器同层排水系统，其主要特点是在楼板架空层内设置排水集水器，卫生器具排水管均接入排水集水器后集中排放。

（3）国内常用同层排水系统，分降板法和卫生间地面局部提高法两种。但近年来，已开发出排水集水器同层排水系统。

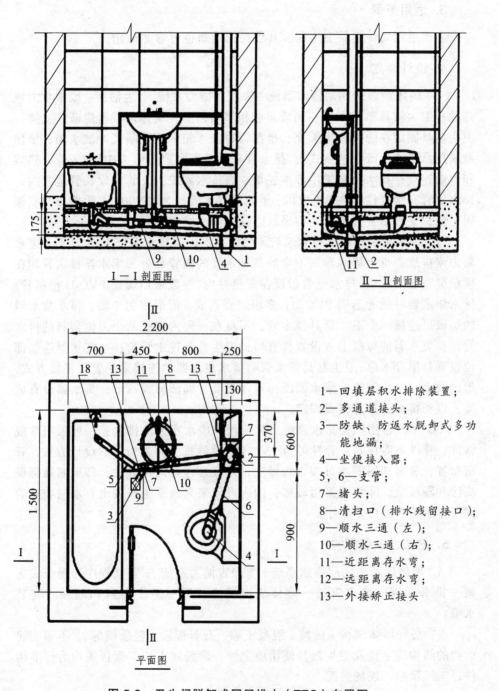

I—I 剖面图   II—II 剖面图

平面图

1—回填层积水排除装置；
2—多通道接头；
3—防缺、防返水脱卸式多功能地漏；
4—坐便接入器；
5，6—支管；
7—堵头；
8—清扫口（排水残留接口）；
9—顺水三通（左）；
10—顺水三通（右）；
11—近距离存水弯；
12—远距离存水弯；
13—外接矫正接头

图 5.3　卫生间脱卸式同层排水（TTC）布置图

3. 适用范围

主要适用居住建筑卫生间。其他民用建筑也可参照使用。

4. 设计要点

（1）墙体隐蔽式同层排水系统（参照吉博力系统）。生活污、废水重力流排放；卫生洁具布置在同一侧墙面或相邻墙面上；墙体内设置隐蔽式支架；卫生洁具固定在隐蔽式支架上；坐便器冲洗水箱采用隐蔽式冲洗水箱；坐便器采用悬挂式（或称挂壁式）；排水管采用高密度聚乙烯（HDPE）管，热熔和电熔连接；排水立管采用苏维脱单立管排水系统，立管敷设在管道井内；排水横管充满度控制在 0.5 以内，坐便器排水管径为 DN90；卫生器具与支架固定处，支架与楼板固定处均采取防噪声传递措施。

（2）排水集水器同层排水系统（参照日本同层排水系统）。生活污、废水重力流排放；排水集水器，卫生器具排水管的横管部分和集水器排水管均在楼板架空层内敷设，排水立管敷设在管道井内，一般采用螺旋 PVC-U 塑料管；排水集水器材质为透明 PVC-U，多段组合而成，但最多为 7 段；排水集水器的每段可连接一个卫生器具排水管，不得在一段内连接两个卫生器具的排水管，在集水器的每段上方设置检查口；卫生器具排水管与排水集水器连接部位设置 U 形存水弯；卫生器具排水管与排水集水器的连接采用管顶平接方式，形成跌水，防止倒流；集水器断面可为蛋形、椭圆形或圆形；集水器设有坡度，以利排水，并与楼板固定。

（3）国内常用同层排水系统。生活污、废水重力流排放；一般采用常规管件，管件不需特制；管材可为 PVC-U、柔性排水铸铁管等；设计方法，管道布置，管材选用等均可按常规做法；楼板处理有两种方法，即地面局部提高法和降板法，降板法采用较多；国内近年来为该系统开发出有水封装置的同层排水集水器可供使用。

5. 施工、安装要点

（1）墙体隐蔽式同层排水系统（参照吉博力系统）。安装程序为隐蔽式支架—排水管道—给水管道—墙体表面装饰材料—卫生器具和地漏—安装水嘴。

适合各种墙体结构（砖墙、混凝土墙、石膏板墙、轻质墙等）。不影响建筑物的结构稳定性和卫生器具使用稳定性。隐蔽式支架、面板等均为标准构件，工厂预制、现场装配。

（2）排水集水器同层排水系统（参照日本同层排水系统）。安装程序为排水集水器—排水集水器接至排水立管的排水管—卫生器具至排水集水器的排水管—卫生器具—水嘴—排水集水器上方可开启的地板。

适合于地面局部提高的做法；用于国内时，应调整为降板做法；当采用降板做法时，楼板架空层内用轻质混凝土填充。

（3）国内常用同层排水系统。安装要点：不论采用地面局部提高或降板，均需注意管道接口和地面防水做法；排水管管道接口应严密，不渗漏，同时注意管道的位移补偿；地面防水做法宜采用三次防水，即结构面层、填充层和地面面层各做一次防水；当采用同层排水集水器时，集水器与立管连接部位（上、下两处）均应设乙字管。

6. 相关标准

相关标准图：

① 99S304 卫生设备安装。

② 03SS408 住宅厨、卫给排水管道安装。

第 6 章 热水及采暖系统安装

6.1 概 述

6.1.1 室内热水供应系统

室内热水供应系统由热源、加热设备、热水管网和附属设备组成,向用户提供洗涤和盥洗用热水。

(1)根据热水供应的范围,热水供应系统分为局部热水供应系统、集中热水供应系统、区域性热水供应系统。

局部热水供应系统是采用各种小型加热设备在用水场所就地加热,供局部范围内的一个或几个用水点使用的热水系统。局部热水供应系统适用于热水用水点少、热水用水量较小且较分散的建筑,在一般单元式住宅建筑中使用广泛。

集中热水供应系统在锅炉房、热交换站将水集中加热后,通过输配系统送至整幢或多幢建筑中的热水配水点,如图 6.1 所示。集中热水供应管网按热水管网的功能,又分为热媒管网、热水配水管网、热水循环管网。

区域性热水供应系统中,水在区域性锅炉房或热交换站

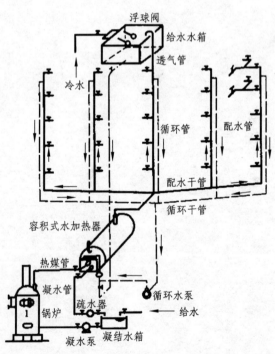

图 6.1 集中热水供应系统

集中加热，通过热水输配系统供给建筑群、市政小区或整个工业企业各热水用水点使用。

（2）热水供应系统可利用热源的形式有：电能、燃气、蒸汽、太阳能、余热、热水机组、锅炉房、热交换站、区域性锅炉房等。

电能作为局部热水供应系统的热源，一般情况下不予推荐，只有在无蒸汽、燃气、煤和太阳能等热源条件，且当地有充足的电能和供电条件时，才考虑采用。

集中热水供应系统的热源选择，应根据使用要求、耗热量、用水点分布情况，综合考虑。首先利用工业余热、废热、地热和太阳能，其次是区域性锅炉房或附近锅炉房能充分提供的蒸汽或高温水，再次是燃油、燃气热水机组或电蓄热设备等。在水质符合生活饮用水卫生标准时，可使用升温后的冷却水作为生活用热水。

区域性锅炉房及以集中供热热力网中的热媒为热源的热交换站热效率最高，但一次性投资大，有条件的应优先采用。

6.1.2　室内采暖系统

室内采暖系统由热源、供热管道、散热设备、辅助设备组成，通过供热管道将热介质输送到室内散热设备，以升高室内空气温度。室内采暖系统的分类形式有：

1. 按作用范围的大小分类

（1）局部采暖系统。指热源、供热管道和散热设备都在采暖房间内，系统作用范围很小。

（2）集中采暖系统。由一个或多个热源集中提供热量，通过供热管道将热量送至一幢或几幢建筑物供用户采暖。

（3）区域采暖系统。对小区或建筑群供暖的系统，称为区域采暖系统或区域供热系统，系统作用范围大、节能、环保，是采暖系统的发展方向。

2. 按采用的热介质种类分类

（1）热水采暖系统。热介质为热水的采暖系统称为热水采暖系统。供水温度为95 ℃，回水温度为70 ℃时为低温热水采暖系统；供水温度高于100 ℃时为高温热水采暖系统，一般适用于工业厂房采暖。

（2）蒸汽采暖系统。热介质为蒸汽的采暖系统称为蒸汽采暖系统。根据蒸汽压力不同可分为高压蒸汽采暖系统（压力>0.07 MPa）、低压蒸汽采暖系统（压力<0.07 MPa）和真空蒸汽采暖系统（压力小于大气压）。

蒸汽采暖与热水采暖比较，其优点是热媒温度高，所需散热器数量少；蒸汽密度比水的密度小得多，产生的水静压力很小；蒸汽流速大，热惯性小，热得快冷得也快。缺点是蒸汽在输送过程中热损失大，消耗燃料多；需经常管理维修，运行管理费用高；管道和散热器表面温度高，易烫伤，卫生条件不好。由于蒸汽采暖存在的问题较多，缺陷较大，故很少被采用，有很多蒸汽采暖已改为热水采暖了。

（3）热风采暖系统。热介质为热空气的采暖系统称为热风采暖系统。根据送风加热装置安设位置的不同，分为集中送风系统和暖风机系统。

3. 按循环动力分类

（1）自然循环热水采暖系统。自然循环热水采暖系统是依靠自然循环作用压力作为动力的热水采暖系统。自然循环热水采暖系统由于循环动力较小且不稳定，仅用于小型采暖系统。自然循环热水采暖系统主要分为单管和双管两类。

（2）机械循环热水采暖系统。机械循环热水采暖系统是依靠水泵提供的动力克服流动阻力使热水流动循环的系统。机械循环热水采暖系统的作用压力比自然循环热水系统的作用压力大得多，热水在管路中的流速较大，管径较小，启动容易，采暖方式较多，应用范围较广泛。

另外，按散热器连接的供回水立管分为单管系统、双管系统；按散热器的连接形式分为垂直式、水平式；按供水干管的位置可分为上行下给式、下行上给式、中供式；按热媒通过各个循环回路的总长度分为同程式和异程式。

6.1.3 采暖系统管路的布置与敷设

采暖系统管路布置的原则是：管线走向应简捷，节省管材并减小阻力；有利于减少管路的热量损耗；便于调节热媒流量和平衡压力；有利于排除系统中的空气；有利于泄水；有利于吸收热伸缩，保证系统安全正常地运行。

采暖系统管路，在美观要求较高的建筑中采用暗装，一般房间均采用明装。

（1）干管。确定管路的形式，以便确定干管在室内的敷设位置。干管与墙、梁、柱的净距离一般不小于 100 mm。干管的安装坡度和坡向是：自然循环热水供回水干管坡度均向下，$i \geq 0.005$，机械循环供水干管坡度向上，$i \geq 0.002$，一般为 0.003，机械循环回水干管坡度与供水干管坡度相反；蒸汽管道干管坡度向下，气水同向流动，若气水逆向流动，坡度不应小于 0.005。

干管的变径宜采用偏心异径管（俗称大小头），蒸汽干管的下侧应取平，以利排水；热水干管管顶平接，利于排空气。

干管在地沟内敷设时，应留有工作人员的操作空间。

（2）立管。立管安装时应尽量布置在外墙墙角、柱角、窗间墙处；双立管系统，面向的右侧装热水或者蒸汽立管，左侧装回水立管，两管平行。安装管径小于或等于 32 mm 不保温的采暖双立管道，两管中心距应为 80 mm，允许偏差 5 mm。

在双管系统中，立管会与支管交叉，应将立管弯作元宝弯（括弯、抱弯）让开支管。

（3）支管。蒸汽支管从主管上接出时，支管应从主管的上方或两侧接出，以免凝结水流入支管。与散热器连接的每根支管都应设乙字弯，为方便拆卸应设接头。

（4）阀门及补偿器。疏水装置的安装应根据设计进行，对一般的装有旁通管的疏水装置，如设计无详图时，也应装设活接头或法兰，并装在疏水阀或旁通阀门的后面，以便于检修。

减压阀的阀体应垂直安装在水平管道上，进出口方向应正确，前后两侧应装设截止阀，并应装设旁通管。减压前的高压管和减压后的低压管都应安装压力表。低压管上应安装安全阀，安全阀上的排气管应接至室外。管径应根据设计规定，一般减压前的管径应与减压阀公称直径相同，减压阀后的管径比减压阀公称直径大 1～2 挡。

两个补偿器之间或每一个补偿器两侧都应设置固定支架。固定支架安装时必须牢固。两个固定支架的中间应设导向支架，导向支架应保证使管子沿着规定的方向自由伸缩。补偿器两侧的第一个支架应为活动支架，若是方形补偿器应设在距弯头弯曲起点 0.5～1 m 处（此处不得设置导向支架）。为了使管道伸缩时不致破坏保温层，滑动支架的高度应大于保温层的厚度。补偿器两侧的导向支架和活动支架在安装时，应考虑偏心，其偏心的长度应视该点距固定点的管道热伸量而定。偏心的方向都应以补偿器的中心为基准。

弹簧支架一般装在有垂直膨胀伸缩而无横向膨胀伸缩之处，安装时必须保证弹簧能自由伸缩。弹簧吊架一般安装在垂直膨胀的横向、纵向均有伸缩处。吊架安装时，应偏向膨胀方向相反的一边。

6.1.4 室内热水管道的布置与敷设

室内热水管道的布置原则与给水管道基本相同。要确保管路有最佳的水力条件，管线短捷简单，供水安全，管道不受损坏，不影响建筑物和构筑物的使用，便于安装、维修，少占建筑空间等，同时要考虑热水输送中水温变化引起的管道热伸长及气体溶解度下降的特点。

一般建筑物的热水管线为明装，只有在卫生设备标准要求高的建筑物及高层建筑，热水管道才暗装。暗装管线放置在预留沟槽、管道竖井内。明装管道尽可能布置在卫生间或非居住房间，一般与冷水管并行敷设。

热水干管和垂直管道管线较长时，应考虑自然补偿或装设一定数量的伸缩器，以免管道由于热胀冷缩被破坏。伸缩器通过计算设置，可选用方形或套筒式伸缩器。伸缩器安装时，要进行预拉（或预压），同时设置好固定支架和滑动支架。

热水上行下给配水管网最高点应设置排气装置，下行上给立管上配水阀可代替排气装置。热水横管应有不小于 0.003 的坡度，为了便于排气和泄水，坡向应与水流方向相反。在上分式系统配水干管的最高点应设排气装置，如自动排气阀、集气罐或膨胀水箱。在系统的最低点应设泄水装置或利用最低配水龙头泄水，泄水装置可为泄水阀或丝堵，其口径为 1/10 ~ 1/5 管道直径。为了集存热水中析出的气体，防止被循环水带走，下分式系统回水立管应在最高配水点以下 0.5 m 处与配水立管连接。为避免干管伸缩时对立管的影响，热水立管与水平干管连接时，立管应加弯管，其连接方式如图 6.2 所示。

热水管穿过基础、墙壁和楼板时均应设置套管，套管直径应大于穿越管道直径 1 ~ 2 号，穿楼板用的套管要高出地面 5 ~ 10 cm，套管和管道之间用柔性材料填满，以防楼板积水时由楼板孔流到下一层。穿过基础的套管应密封，防止地下水渗入室内。

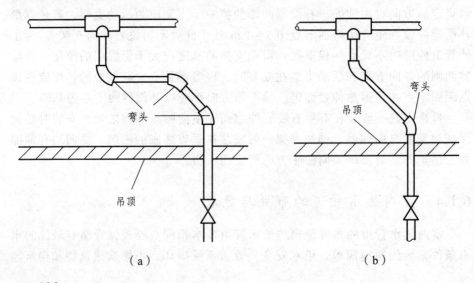

（a）　　　　　　　　　　　　（b）

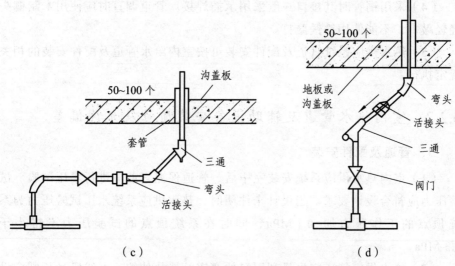

（c）   （d）

图 6.2   热水立管与水平干管的连接方式

考虑到今后便于检修，在配水立管的始端、回水立管的末端、居住建筑中从立管接出的支管始端以及配水点多于 5 个的支管的始端，均应装设阀门。为了防止热水倒流或串流，在水加热器或储水器的冷水供水管上，机械循环第二回水管上，直接加热混合器的冷、热水供水管上都应装设止回阀。

为了减少散热，应对热水系统的配水、回水干管、水加热器、储水罐等保温。保温材料应选取导热系数小、耐热性能高和价格低的材料。

6.2   室内热水供应系统安装

6.2.1   室内热水供应系统安装的一般规定

本规定适用于工作压力不大于 1.0 MPa、热水温度不超过 75 ℃ 的建筑内部热水供应系统安装。

（1）热水供应系统的管道应采用塑料管、复合管、镀锌钢管和铜管及其相应管件和配件。

（2）热水管道的坡度应符合设计要求，设计未注明时一般为 0.003，但不小于 0.002。

（3）热水管道穿墙或楼板时应设套管和固定支架。

（4）采用铜管时其接口一般采用承插焊接。管道调直时应使用木制榔头轻轻敲击，不能使用铁锤敲打。

（5）热水供应系统管道及配件安装可按室内给水管道及配件安装的相关规定执行。

6.2.2 室内热水管道及辅助设备安装质量及允许偏差

1. 管道及配件安装

（1）室内热水供应系统安装完毕后、管道保温之前应进行水压试验。试验压力应符合设计要求。当设计未注明时，热水供应系统水压试验压力为系统顶点的工作压力加 0.1 MPa，同时在系统顶点的试验压力不得小于0.3 MPa。

（2）热水供应管道应尽量利用自然弯道补偿热伸缩，直线段过长则应设置补偿器，补偿器的形式、规格、位置应符合设计要求，应按有关规定进行预拉伸。

（3）热水供应系统竣工后必须进行冲洗。

（4）管道安装坡度应符合设计规定。

（5）温度控制器及阀门应安装在便于观察和维护的位置。

（6）热水供应管道和阀门安装的允许偏差应符合表 6.1 的规定。

（7）热水供应系统管道应保温（浴室内明装管道除外），保温材料、厚度、保护壳等应符合设计规定。保温层厚度和平整度的允许偏差应符合规范的规定。

2. 热交换器和热水水泵安装

（1）热交换器应以工作压力的 1.5 倍做水压试验。蒸汽部分压力应不低于蒸汽供汽压力加 0.3 MPa；热水部分压力应不低于 0.4 MPa。

（2）水泵就位前的基础混凝土强度、坐标、标高、尺寸和螺栓孔位置必须符合设计要求。

（3）水泵试运转的轴承温升必须符合设备说明书的规定。

（4）敞口水箱的满水试验和密闭水箱（罐）的水压试验必须符合设计与规范的规定。

（5）热水供应辅助设备安装的允许偏差应符合表 6.1 规定。

138

表 6.1 热水供应辅助设备安装的允许偏差

项次	项 目		允许偏差/mm
1	静置设备	坐 标	15
		标 高	±5
		垂直度（每米）	5
2	离心式水泵	立式泵体垂直度（每米）	0.1
		卧式泵体水平度（每米）	0.1
	联轴器同心度	轴向倾斜（每米）	0.8
		径向位移	0.1

6.3 室内采暖系统安装

6.3.1 安装准备

（1）熟悉施工图。施工前应熟读施工图，了解设计意图和对施工的要求。

（2）安装前，应该按设计要求对使用的材料和设备检查规格、型号和质量。安装前，必须清除内部污垢和杂物。

（3）对散热器的单位散热量、金属热强度，以及保温材料的导热参数、密度、吸水率进行复验。

（4）应该配合土建，在管道穿过基础、墙壁和楼板的位置预留孔洞。其尺寸如果设计没有具体要求时，按表 6.2 的规定执行。

表 6.2 预留孔洞尺寸表

项次	管道名称/mm		明 管（长×宽）/mm	暗 管（长×宽）/mm
1	采暖立管	DN≤25	100×100	130×130
		DN=32～50	150×150	150×130
		DN=70～100	200×200	200×200
2	两根采暖立管 DN≤32		150×100	200×130
3	散热器支管	DN≤25	100×100	60×60
		DN=32～40	150×100	150×100
4	采暖主干管	DN≤80	300×250	—
		DN=100～125	350×350	—

6.3.2 采暖管道的安装

1. 暖气管道安装顺序

暖气管道的安装顺序为先安装供暖总管，再安装干管、立管和支管。

2. 供暖总管安装

室内供暖管道以入口阀门为界，由总供热管和回水管组成，管道上安装总控制阀和入口装置（减压阀、调压阀、除污器、疏水器、压力表温度计等），其安装方式见相关标准图集。

3. 干管安装

安装顶棚或地下室内的暖气管道时，要根据实际尺寸，事先下料进行组装，管道安装前要先完成管段的除锈刷漆。

干管安装的坡度及变径管应符合前述干管布置的规定。

4. 立管安装

对垂直式供暖系统，立管由供水干管接出时，对热水立管应从干管底部接出；对蒸汽立管，应从干管的侧部或顶部接出。与安装在下面的回水干管连接时，一般应用 2~3 个弯头连接起来，并应在立管底部设泄水丝堵。

管道穿过墙壁和楼板时，应该设置铁皮套管或钢套管。安装在内墙壁的套管，其两端应与饰面相平。管道穿过外墙或基础时，套管直径比管道直径大两号为宜。安装在楼板内的套管，其顶部要高出地面 20 mm，底部与楼板底面相平。管道穿过容易积水的房间楼板，加设钢套管，其顶部应高出地面不小于 30 mm。

楼层高度小于或等于 5 m，立管上每层要安设一个管卡；楼层高度大于 5 m，立管上管卡数每层不得少于 2 个；管卡的安装高度为地面以上 1.5~1.8 m，2 个以上管卡应均匀安装，同一房间的管卡应在同一高度。

5. 支管安装

连接散热器的支管应留有坡度。当支管全长小于或等于 500 mm 时，坡度值为 5 mm；大于 500 mm 时，坡度值为 10 mm。当一根立管接有两根支管时，只要是其中一根超过 500 mm，其坡度值均为 10 mm。

散热器支管如与立管相交，支管应煨弯绕过立管。支管的长度若大于 1.5 m，应在中间安装管卡或托钩，支管上应安装可拆卸件。

6.3.3 散热器安装

1. 散热器的种类

散热器是将采暖系统中热媒的热量传递给房间的一种热交换设备，按其制作材料可分为铸铁散热器、钢制散热器、铝合金散热器等三种，新材质的有陶瓷散热器、复合玻璃钢散热器等；按其结构形式可分为翼形、柱形、管形和板形；按传热方式可分为对流型、辐射型。

2. 散热器的敷设

散热器在选择时应注意：选择热工性能好、传热系数高的散热器；在保证有足够机械强度和耐压能力的前提下，散热器的金属耗量要少，成本要低；同时，散热器造型应美观，结构要简单，以便于清洁。

散热器可采用明装和暗装两种敷设形式。明装是散热器完全暴露在室内空气中或装于深度不大于 130 mm 的墙槽内，有利于散热；暗装有全暗装、半暗装、明装加罩、半暗装加罩等几种类型，其散热效果不及明装，在房间有较高装修和卫生要求或因热媒温度高容易烫伤人时（如宾馆、幼儿园、托儿所等），才采用暗装。

3. 散热器的布置

散热器布置的基本原则是力求使室温均匀，使室外渗入的冷空气能较迅速地被加热，工作区（或呼吸区）温度适宜，尽量少占用有效空间和使用面积。

散热器一般布置在房间外墙一侧，有外窗时应装在窗台下，这样可直接加热由窗缝渗入的冷空气，还可按一定比例分配在下部各层。为防止散热器冻裂，在两道外门之间、门斗及紧靠开启频繁的外门处，不宜设置散热器。

为保证散热器的散热效果和安装要求，散热器底部距地面高度通常为 150 mm，但不得小于 60 mm；顶部不小于 50 mm，与墙面净距不得小于 25 mm。

在建筑物内一般是将散热器布置在房间外窗的窗台下，如图 6.3（a）所示，如此，可使从窗缝渗入的室外冷空气迅速加热后沿外窗上升，造成室内冷、暖气流的自然对流条件，令人感到舒适。如果当房间进深小于 4 m，且外窗台下无法装设散热器时，散热器可靠内墙放置，如图 6.3（b）所示。这样布置有利于室内空气形成环流，改善散热器对流换热，但工作区的气温较低，给人以不舒适的感觉。

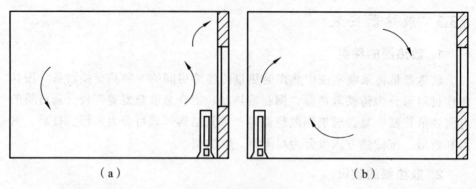

（a）　　　　　　　　　（b）

图 6.3　散热器布置

楼梯间的散热器应尽量布置在底层，被散热器加热的空气流能够自由上升补偿楼梯间上部空间的耗热量。底层楼梯间的空间不具备安装散热器的条件时，应把散热器尽可能地布置在楼梯间下部的其他层。

4. 散热器的安装

铸铁散热器安装前，应对散热器表面层认真清理，去掉毛刺和铁砂颗粒、锈斑，保持散热器表面呈良好的金属光洁面。

散热器安装前要组对，组对的散热器片应使用成品，组对后垫片外露不应大于 1 mm；当散热器垫片材质无设计要求时，应采用耐热橡胶。

散热器组对后，以及整组出厂的散热器在安装之前应全部做水压试验。试验压力如无设计要求时应为工作压力的 1.5 倍，且不小于 0.6 MPa。

柱形散热器带足安装时，14 片及以下装两足片；15～24 片时装 3 足片；20 片及以上安装时，应在上下加两根拉条，拉条规格为 ϕ10。散热器支架、托架安装，位置应准确，埋设牢固，与散热器接触紧密。

散热器背表面与装饰后的墙内表面距离，应符合设计要求或产品说明书的要求。如设计未注明，应为 30 mm。散热器挂装，设计无要求，散热器距地面一般不得低于 150 mm，散热器表面不得高于窗台标高。散热器防风孔向外斜45°（宜在综合试压前安装）。

铸铁或钢制散热器表面的防腐及面漆应附着良好，色泽均匀，无脱落、起泡、流淌和漏涂缺陷。

散热器的支管安装参见前述。

6.4　地面辐射采暖设备安装

地面辐射采暖是由热源加热地板，通过地面以辐射和对流的传热方式向室内供热的一种采暖方式。

地面辐射采暖按热源分为低温热水地面辐射采暖和发热电缆地面辐射采暖。前者是以温度不高于 60 ℃ 的热水为热媒；后者是以低温发热电缆为热源。

6.4.1 低温热水地面辐射采暖

1. 低温热水地面辐射采暖系统的材料

低温热水地面辐射采暖系统中所用材料，应根据工作温度、工作压力、荷载、设计寿命、现场防水、防火等工程环境要求以及施工性能，经综合比较后确定。

低温热水地面辐射采暖系统材料包括加热管、分水器、集水器及其连接管件和绝热材料等。常用加热管有交联聚乙烯（PE-X）管、聚丁烯（PB）管、耐热增强聚乙烯（PE-RT）管、嵌段共聚聚丙烯（PP-B）管、无规共聚聚丙烯（PP-R）管。加热管的内外表面应光滑、平整、干净，不应有可能影响产品性能的明显划痕、凹陷、气泡等缺陷。

分水器、集水器应包括分水干管、集水干管、排气及泄水试验装置、支路阀门和连接配件等。分水器、集水器（含连接件等）的材料宜为铜质，内外表面不得有质量缺陷。铜质金属连接件与管件之间的连接结构形式宜为卡套式或卡压式夹紧结构。

绝热材料应采用导热系数小、难燃或不燃，具有足够承载能力的材料，且不宜含有殖菌源，不得有散发异味及可能危害健康的挥发物。工程中常用聚苯乙烯泡沫塑料做绝热材料，其主要技术指标应符合相关规定。

2. 低温热水地面辐射采暖系统施工

（1）施工安装前应具备下列条件。设计施工图纸和有关技术文件齐全；有较完善的施工方案、施工组织设计，并已完成技术交底；施工现场具有供水或供电条件，有储放材料的临时设施；土建专业已完成墙面内粉刷（不含面层），外窗、外门已安装完毕，并已将地面清理干净；厨房、卫生间应做完闭水试验并经过验收；相关电气预埋等工程已完成。

（2）低温热水地面辐射采暖系统施工。低温热水地面辐射采暖系统在楼板或与土壤相邻的地面安装，地面构造如图 6.4、图 6.5 所示。

① 绝热层的敷设。铺设绝热层的地面应平整、干燥、无杂物，墙面根部应平直，且无积灰现象。绝热层的铺设应平整，绝热层相互间的接缝应严密。直接与土壤相邻或有潮气浸入的地面，在铺放绝热层之前必须设置防潮层。

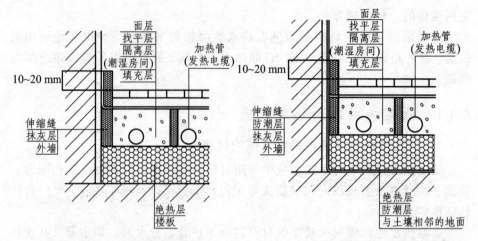

图 6.4　楼层地面构造示意图　　图 6.5　与土壤相邻的地面构造示意图

地面辐射采暖系统绝热层采用聚苯乙烯泡沫塑料板时，其厚度不应小于表 6.3 规定值。

表 6.3　聚苯乙烯泡沫塑料板绝热层厚度

楼层之间楼板上的绝热层/mm	20
与土壤或不采暖房间相邻的地板上的绝热层/mm	30
与室外空气相邻的地板上的绝热层/mm	40

② 加热管的安装。加热管采取不同布置形式时，导致地面温度分布不同，布管时，应本着保证地面温度均匀的原则进行，宜将高温管段优先布置于外窗、外墙侧使室内温度尽可能分布均匀。加热管的布置宜采用回折型（旋转型）、平行型（直列型），如图 6.6 所示。

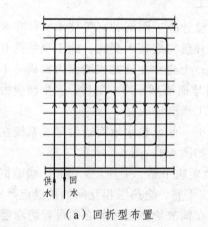

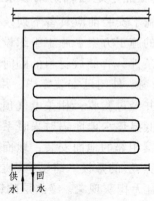

（a）回折型布置　　　　　　　　　（b）平行型布置

144

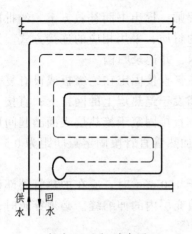
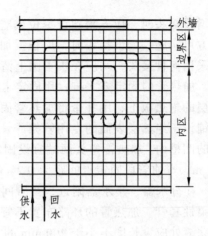

（c）双平行型布置　　　　（d）带有边界和内部地带的回折型布置

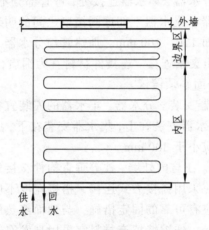

（e）带有边界和内部地带的平行型布置

图 6.6　加热管的布置形式

加热管应按设计图纸标定的管间距和走向敷设，加热管保持平直，管间距安装误差不应大于 10 mm。加热管敷设前，应对照施工图纸核定加热管的选型、管径、壁厚，并应检查加热管外观质量，管内部不得有杂质。加热管安装间断或完毕时，敞口处应随时封堵。

加热管的切割应采用专用工具，切口应平整，断口面应垂直管轴线，加热管安装时应防止管道扭曲。弯曲管道时，圆弧的顶部应加以限制，并用管卡进行固定，不得出现"死折"。塑料及铝塑复合管的弯曲半径不宜小于 6 倍管外径，铜管的弯曲半径不宜小于 5 倍管外径。

埋设于填充层的加热管不应有接头。施工验收后，发现加热管损坏，需要增设接头时，应先报建设单位或监理工程师，提出书面补救方案，经批准后方可实施。增设接头时，应根据加热管的材质，采用相应的连接方式。无论采用何种接头，均应在竣工图上清晰表示，并记录归档。

加热管的固定方式有：用固定卡将加热管直接固定在绝缘板或设有复合面层的绝热板上；用扎带将加热管固定在铺设于绝热层上的网格上；直接卡在铺设于绝热层表面的专用管架或管卡上；直接固定于绝热层表面凸起间形成的凹槽内。加热管弯头两端宜设固定卡，加热管直管段固定点间距为 0.5～0.7 m，弯曲管段固定点间距为 0.2～0.3 m。

在分水器、集水器附近，当管间距小于 100 mm 时，应在加热管外部设置柔性套管。加热管的环路布置不宜穿越填充层内的伸缩缝。必须穿越时，伸缩缝处应设长度不小于 200 mm 的柔性套管。

加热管出地面至分水器、集水器连接处，弯管部分不宜露出地面装饰层。加热管出地面至分水器、集水器下部球阀接口之间的明装管段外应加塑料套管，套管高出地面饰面 120～200 mm。加热管与分水器、集水器连接，应采用卡套式、卡压式挤压夹紧连接。连接件材料宜为铜质，铜质连接件与 PP-R 或 PP-B 直接接触的表面必须镀镍。

③ 分水器、集水器安装。分水器、集水器的安装宜在铺设加热管之前进行。其水平安装时，分水器安装在上，集水器安装在下，中心距宜为 200 mm，集水器中心距地面不应小于 300 mm。

④ 伸缩缝的设置。在与内外墙、柱等垂直构件交接处应留不间断的伸缩缝，伸缩缝填充材料应采用搭接方式连接，搭接宽度不应小于 10 mm。伸缩缝填充材料与墙、柱应有可靠的固定措施，与地面绝热层连接应紧密，伸缩缝宽度不宜小于 10 mm。伸缩缝填充材料宜采用高发泡聚乙烯泡沫塑料。

当地面面积超过 30 m² 或边长超过 6 m 时，应按不大于 6 m 间距设置伸缩缝，伸缩缝宽度不小于 8 mm。伸缩缝宜采用高发泡聚乙烯泡沫塑料或缝内满填弹性膨胀膏。

伸缩缝应从绝热层的上边缘做到填充层的上边缘。

⑤ 混凝土填充层的施工。混凝土填充层施工应具备以下条件：所有伸缩缝均已安装完毕；加热管安装完毕且水压试验合格、加热管处于有压状态下；温控器的安装盒已经布置完毕；通过隐蔽工程验收。

混凝土填充层的施工，应由有资质的土建施工方承担，采暖系统安装单位应密切配合。在混凝土填充层施工中，加热管内的水压不应低于 0.6 MPa，填充层养护过程中，系统水压不应低于 0.4 MPa。

混凝土填充层施工中，严禁使用机械振捣设备；施工人员应穿软底鞋，采用平头铁锹。填充层强度应留试块做抗压试验。在加热管或发热电缆的铺设区内，严禁穿凿、钻孔或进行射钉作业。

系统初始加热前，混凝土填充层的养护周期不应少于 21 天。施工中，应对地面采取保护措施。不得在地面上加以重载、高温烘烤、直接放置高温物体和高温加热设备。

⑥ 面层施工。装饰地面宜采用以下材料：水泥砂浆、混凝土地面；瓷砖、大理石、花岗石等石材地面；符合国家标准的复合木地板、实木复合地板及耐热实木地板。

面层施工前，填充层应达到面层需要的干燥度。面层施工除应符合土建施工设计图纸的各项要求外，尚应符合以下规定：

施工面层时，不得剔、凿、割、钻和钉填充层，不得向填充层楔入任何物件；面层的施工，必须在填充层达到要求强度后才能进行；石材、面砖在与内外墙、柱等垂直构件交接处，应留 10 mm 宽伸缩缝；木地板铺设时，应留不小于 14 mm 伸缩缝。伸缩缝应从填充层的上边缘做到高出面层 10～20 mm，面层敷设完毕后，裁去多余部分。伸缩缝填充材料宜采用高发泡聚乙烯泡沫塑料。

以木地板作为面层时，木材必须经过干燥处理，且应在填充层和找平层完全干燥后，才能进行地板施工；瓷砖、大理石、花岗石面层施工时，在伸缩缝处宜采用干贴。

⑦ 卫生间施工。卫生间地面应做两层隔离层，作法如图 6.7 所示。

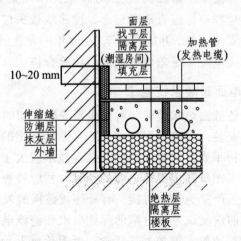

图 6.7　卫生间地面构造示意图

卫生间过门处应设置止水墙，在止水墙内侧应配合土建专业作防水。设止水墙目的是防止卫生间积水渗入绝热层，并沿绝热层渗入其他区域。

（3）低温热水系统的水压试验及调试。水压试验应在系统冲洗之后进行。冲洗应在分水器、集水器以外的主供、回水管道冲洗合格后，再进行室内采暖系统的冲洗。水压试验应分别在浇捣混凝土填充层前和填充层养护期满后进行两次，水压试验应以每组分、集水器为单位，逐条回路进行。试验压力应为工作压力的 1.5 倍，且不应小于 0.6 MPa，在试验压力下，稳压 1 h，其压力降不应大于 0.05 MPa。水压试验宜采用手动泵缓慢升压，升压过程中应随时观察与检查，不得有渗漏；不宜以气压试验代替水压试验。

为避免对系统造成损坏，地面辐射采暖系统未经调试，严禁运行使用。调试应在正常采暖条件下进行，初始加热时热水升温应平缓，以确保建筑构件对温度上升有一个逐步变化的适应过程。调节时应对每组分水器、集水器连接的加热管路逐路进行，直至达到设计要求。

6.4.2　发热电缆地面辐射采暖

1. 发热电缆地面辐射采暖系统的材料

发热电缆指以采暖为目的、通电后能够发热的电缆，由冷线、热线和冷热线接头组成，其中热线由发热导线、绝缘层、接地屏蔽层和外保护套等部分组成。电缆外径不宜小于 6 mm。

发热电缆必须有接地屏蔽层，其发热导体宜使用纯金属或金属合金材料。

发热电缆的型号和商标应有清晰标志，冷热线接头位置应有明显标志。其冷热导线接头应安全可靠，并应满足至少 50 年的非连续正常使用寿命。发热电缆应经国家电线电缆质量监督检验部门检验合格。

2. 发热电缆地面采暖系统施工

施工前也应具备低温热水地面辐射采暖系统施工相同的条件。

（1）发热电缆安装。发热电缆应按照施工图纸标定的电缆间距和走向敷设，发热电缆应保持平直，电缆间距的安装误差不应大于 10 mm。发热电缆敷设前，应对照施工图纸核定发热电缆的型号，并应检查电缆的外观质量。

发热电缆出厂后严禁剪裁和拼接，有外伤或破损的发热电缆严禁敷设。

发热电缆安装前应测试发热电缆的标称电阻和绝缘电阻，并做自检记录。并应确认电缆冷线预留管、温控器接线盒、低温传感器预留管、供暖配电箱等预留、预埋工作已完成。

电缆的弯曲半径不应小于生产企业规定的限定值，且不得小于 6 倍电缆直径。发热电缆下应铺设钢丝网或金属固定带，采用扎带将发热电缆固定在钢丝网上，或直接用金属固定带固定，发热电缆不得被压入绝热材料中。

发热电缆的热线部分严禁进入冷线预留管，其冷热线接头应设在填充层内。

发热电缆安装完毕，应检测发热电缆的标称电阻和绝缘电阻，并进行记录。

（2）发热电缆温控器安装。发热电缆温控器的温度传感器安装应按生产企业相关技术要求进行，应将发热电缆可靠接地。发热电缆温控器应水平安装，并应固定牢固，温控器应设在通风良好且不被风直吹处，不得被家具遮挡，温控器的四周不得有热源。

第7章 消防系统安装

7.1 概 述

现代化建筑消防系统是各类建筑，特别是智能大厦的重要组成部分。一旦建筑物发生火灾，现代化建筑消防系统将起到灭火的主要作用。

所谓建筑消防系统就是在建筑物内或高层建筑物内建立的自动监控自动灭火的自动化消防系统。该系统的工作安全可靠性、技术先进性是确保及时扑灭火灾的关键因素。

根据建筑消防规范，将火灾自动报警装置及自动灭火装置按实际需要有机地结合起来，就构成了建筑消防系统。

7.1.1 建筑防火保护等级

1. 民用建筑分类

（1）高层建筑。

① 10 层及 10 层以上的住宅建筑（包括底层设计商业服务网点的住宅）。

② 建筑高度超过 24 m 的其他民用建筑。

③ 与高层建筑直接相连且高度不超过 24 m 的裙房。

（2）低层建筑。

① 建筑高度不超过 24 m 的单层及多层有关公共建筑。

② 单层主体建筑高度超过 24 m 的体育馆、会堂、剧院等有关公共建筑。

2. 民用建筑的防火等级的分类

根据《民用建筑电气设计规范》（JGJ/T 16—92），各类民用建筑的保护等级应根据建筑物防火等级的分类，按以下原则确定：

（1）超高层（建筑高度超过 100 m）为特级保护对象，应采用全面保护方式。

（2）高层中的一类建筑为一级保护对象，应采用总体保护方式。

（3）高层中的二类建筑和低层中的一类建筑为二级保护对象，应采用区域保护方式；重要的也可采用总体保护方式。

（4）低层中的二类建筑为三级保护对象，应采用场所保护方式；重要的也可采用区域保护方式。

此外，以高层建筑为研究对象，防火等级分为一级保护对象和二级保护对象。

高层建筑中的一类建筑为一级保护对象，如高级宾馆、高级住宅、重要办公楼、科研楼、图书馆及档案楼等；高层建筑中的二类建筑为二级保护对象。

7.1.2　建筑消防系统的构成

建筑消防系统以建筑物或高层建筑物为被控对象，通过自动化手段实现火灾的自动报警及自动扑灭。

在结构上，建筑消防系统通常由两个子系统构成，即自动报警（监测）子系统和自动灭火子系统。系统中设置了检测反馈环节，因此消防系统是典型的闭环控制系统。其方块结构如图 7.1 所示。

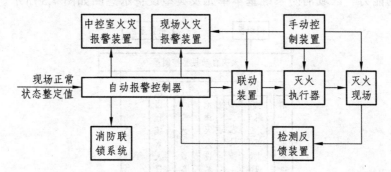

图 7.1　建筑消防系统方块结构图

图 7.1 中的火灾报警控制器是消防系统的核心部件，它包括火灾报警显示器和控制器。随着现代科技的高速发展，火灾报警控制器不断融入微机控制技术、智能技术，使其结构发生了质的变化。现代火灾报警控制器都是以微处理器为主要器件，因此结构紧凑，功能完善，使用方便灵活。

消防系统火灾报警控制器数量的选择，应根据消防系统本身的要求进行确定。由单个火灾报警控制器构成的针对某一监控区域的消防系统称为单级自动监控自动灭火系统，简称为单级自动监控系统或区域自动控制系统。

与单级自动监控系统相类似，由多个火灾报警控制器构成的针对多个监控区域的消防系统称为多级自动监控自动灭火系统，简称为多级自动监控系统或集中-区域自动监控系统。多级自动监控系统的方块结构如图 7.2 所示。

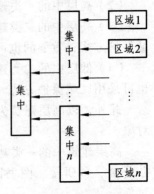

图 7.2　多级自动监控系统的方块结构图

7.1.3　建筑消防系统构成模式

所谓消防系统构成模式是指消防系统中火灾报警控制器与主要灭火、减灾设备的安装配置方式。根据我国有关消防法规规定，对于建筑物尤其是高层建筑物，消防系统通常有四种类型，即区域消防系统、集中消防系统、区域-集中消防系统及控制中心消防系统。

1. 区域消防系统

对于建筑规模小，控制设备（被保护对象）不多的建筑物，常使用区域消防系统。

该系统保护对象仅为某一区域或某一局部范围，系统具有独立处理火灾事故的能力。区域消防系统基本单元及典型设备示意图如图 7.3 所示。

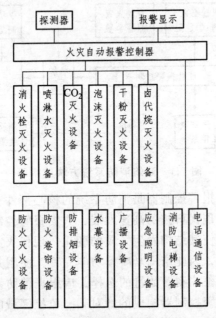

图 7.3　建筑消防系统基本单元及典型设备示意图

152

由图 7.3 可见，系统中只有一台区域报警控制器，即在整个建筑物内只能有一个这样的系统，区域消防系统内也只能有一个这样的报警控制器。

2. 集中消防系统

当建筑物规模较大，保护对象少而分散，或被保护对象没有条件设置区域报警控制器时，可考虑设置集中消防系统。

如被保护对象较多，选用微机报警控制器，可组成总线方式的网络结构。在网络结构中，报警采用总线制，联动控制系统采取按功能进行标准化组合的方式。现场设备的操作与显示，全部通过消防控制室，各设备之间的联动关系可由逻辑控制盘确定。如果可能，报警和联动控制都通过总线的方式，除少部分就地控制外，其余大部分由消防控制室输出联动控制程序进行控制。

集中消防系统应设置消防控制室，集中报警控制器及其附属设备应安置在消防控制室内。

3. 区域-集中消防系统

由于高层建筑及其群体的需要，区域消防系统的容量及性能已经不能满足要求，因此有必要构成区域-集中消防系统。

该系统适用于规模较大，保护控制对象较多，有条件设置区域报警控制器且需要集中管理或控制的场所。

区域报警控制器被设置在通常按楼层划分的各个监控区域内，接收区域火灾探测器发送的火灾信号，而且每个区域报警控制器都与联动控制器联动。因此该系统实现了按每个监控区域由区域报警控制器控制的横向联动灭火控制。

火灾报警是由各区域报警控制器实现的。由于区域报警控制器是按区域或楼层分设的，因此各区域报警控制器向集中报警控制器发送火灾信号的方式是纵向发送，联动灭火由消防控制室（消防中心）集中控制的灭火设备实现的，即区域报警控制器不联动灭火设备。值得注意的是，在区域-集中消防系统中设置的消防控制室（消防中心）是十分重要的。区域-集中消防系统模式图如图 7.4 所示。

4. 控制中心消防系统

对于建筑规模大，需要集中管理的群体建筑及超高层建筑，应采用控制中心消防系统。该系统能显示各消防控制室的总状态信号并负责总体灭火的联络与调度。

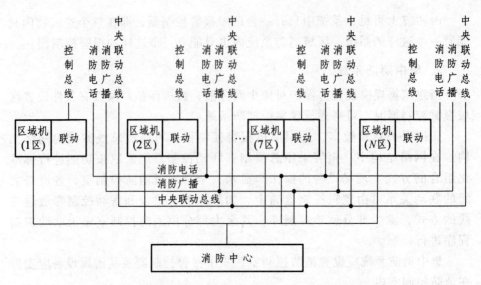

图 7.4　区域-集中消防系统模式图

7.2　消火栓给水系统

消火栓给水系统是建筑物的主要灭火设备。火灾发生时，消防队员或其他现场人员利用消火栓箱内的水带、水枪实施灭火。

7.2.1　系统的设置及工作原理

1. 系统的设置

根据我国有关消防技术规范要求，高层建筑及绝大多数单、多层建筑应设消火栓给水系统。它广泛应用于厂房、库房、科研楼（存有与水接触能引起燃烧爆炸的物品除外），有一定规模的剧院、电影院、俱乐部、礼堂、体育馆、展览馆、商店、病房楼、门诊楼、教学楼、图书馆书库及车站、码头、机场建筑物，重点保护的砖木、木结构古建筑，较高或特定的住宅。

2. 系统工作原理

无论是高层建筑消火栓给水系统，还是低层建筑消火栓给水系统，其基本组成和工作原理基本相同，消火栓给水系统组成示意图如图 7.5 所示。

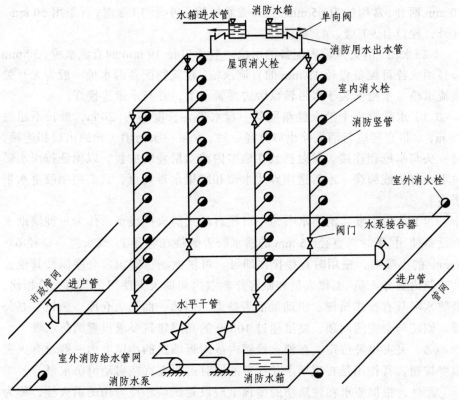

图 7.5 消火栓给水系统组成示意图

由图 7.5 可见，该系统的工作原理是：当发现火灾后，由消防队员或其他现场人员打开消火栓箱，拉出水带、水枪，开启消火栓，通过水枪产生的射流，将水射向着火点实施灭火。消防用水最初由水箱提供保证，待水泵开启后，其用水量由水泵从水池抽水加压提供。

7.2.2 主要组件

1. 消火栓设备

消火栓设备包括消火栓、水枪、水带、水喉（软管卷盘）、报警按钮等，平时均放置在消火栓箱内。消火栓箱根据建筑物的美观要求进行选用，为保证消火栓箱门在火灾时能及时打开，不宜采用封闭的铁皮门，而应采用易敲碎的玻璃门。

（1）消火栓。消火栓是消防管网向火场供水且带有阀门的接口，进水端与管道固定连接，出水端可接水带。消火栓出口为内扣式，口径有 65 mm、

50 mm 两种,常用的为 65 mm。当每支水枪流量小于 3 L/s 时,可采用 50 mm。此外,栓口有 90°型、45°型两种。

（2）水枪。消火栓箱内配备的水枪一般为口径 19 mm 的直流水枪,50 mm 口径消火栓可配备直径 13 mm 的直流水枪。建筑物配备的水枪一般为无开关直流水枪,水枪安装于水带转盘旁边弹簧卡上,并与水带连接好。

（3）水带。每个消火栓箱配备一盘水带,长度多为 20 m,最长不超过 25 m,水带直径应与消火栓出口直径一致。水带一头与消火栓的出口相连接,另一头与水枪相连接,平时折放在框架内或双层卷绕放置,以保证拉出水带时不会打折或缠绕。水带选用麻质水带和胶里水带均可,目前使用胶里水带居多。

（4）消防水喉。消防水喉为小口径自救式消火栓设备,作为一种辅助灭火设备使用。平时将直径 25 mm 的输水胶管缠绕在卷盘上,端头接一口径 6～8 mm 的小喷嘴,使用时直接拉出即可。可供商场、宾馆、仓库以及其他公共建筑内服务人员、工作人员和旅客扑救室内初期火灾使用。与消火栓相比,消防水喉具有操作简便、机动灵活等特点。因此,商场、仓库、旅馆、办公楼、剧院与会堂的闷顶、高度超过 100 m 的高层建筑要求设置消防水喉。

（5）火灾报警按钮。在消火栓箱内或附近墙壁的小壁龛内一般设有火灾报警按钮。其作用是在现场手动报警的同时远距离直接启动消防水泵。

此外,根据要求在建筑物的屋顶上应设置试验和检查用的消火栓,称为屋顶消火栓。采暖地区可设在屋顶出口处或水箱间内。

2. 管网设备

消火栓给水系统的消防用水是通过管网输送至消火栓的。管网设备包括:进水（户）管、消防竖管、水平管、控制阀门等。进水管是室内、室外消防给水管道的连接管,对保证室内消火栓给水系统的用水量有很大的影响。消防竖管是连接消火栓的给水管道,一般应设置独立的消防竖管,管材采用钢管。阀门用于控制供水,以便于检修管道,一般阀门的设置应保证检修时关闭的竖管不超过一条。

管网设备对系统的安全性能有很大的影响,在布置管网时要符合以下要求:

（1）设有消火栓给水系统的建筑物,其各层（无可燃物的设备层除外）均应设置消火栓。

（2）消火栓的布置间距应由计算确定。一般应保证同层相邻两个消火栓水枪的充实水柱同时达到室内任何部位。高层建筑、高架仓库和甲、乙类厂房，布置间距不应超过 30 m；其他单层或多层建筑物间距不宜超过 50 m。体积小于或等于 5 000 m³ 的库房，可采用一支水枪的充实水柱达到室内任何部位。

（3）消火栓宜布置在明显、经常有人出入、使用方便的地方。例如，布置在楼梯间附近、走廊内、剧院舞台口两侧、车间出入口等处，且应有明显的标志，不得伪装。消火栓阀门中心应距地面 1.1 m，消火栓的出水口方向宜向下或与设置消火栓的墙面成 90°角。

（4）为便于管理和使用，同一建筑物内应采用统一规格的消火栓、水带、水枪，且每条水带的长度不应超过 25 m。

（5）水箱不能满足最不利点消火栓的水压要求时，应在每个消火栓处设置远距离直接启动消防水泵的按钮，并应有保护设施。

（6）消防电梯前室应设消火栓。其设置与其他消火栓要求相同，但不能计入每层所需消火栓总数之内。

（7）为防止冻结损坏，冷库室内消火栓一般应设在常温的穿堂或楼梯间内。在冷库闷顶的入口处，应设消火栓，用以扑救顶部保温层发生的火灾。

（8）消火栓栓口的出水压力超过 0.5 MPa 时，在消火栓处应设减压设施。

（9）消火栓栓口处的静水压力超过 0.8 MPa 时，应采用分区给水。

3. 消防水箱

我国目前采用的消火栓给水系统多数是湿式系统，即消防给管网内始终有水。这样可保证消火栓一开启就可出水灭火。管网内的消防用水平时由水箱保证，因此消防水箱的作用就是储存扑救初期火灾（一般 10 min）的消防用水量。我国有关规范规定临时高压给水系统必须设置消防水箱。

消防水箱的容积根据消防用水量确定，一般有 18 m³、12 m³、6 m³ 三种。消防水箱应设置在建筑物的最高处，其位置高度应保证最不利点消火栓静水压力要求。即对于建筑高度不超过 100 m 的高层建筑和低层建筑，其静水压力不应低于 0.07 MPa；对于建筑高度超过 100 m 的高层建筑，其静水压力不应低于 0.15 MPa，否则均应设增压设施。

水箱出水管上应设单向阀，以保证消防泵启动后，管网内的水不进入消防水箱。此外，与生活、生产合用的消防水箱，应有保证消防用水不做他用的技术措施。

4. 水泵设备

（1）消防水泵。消防水泵目前多采用离心式水泵，它是给水系统的心脏，对系统的使用安全影响很大。在选择水泵时，要满足系统的流量和压力要求。

（2）消防泵房及泵房设施。

① 泵房建筑防火要求。消防水泵房宜与生活水泵房、生产水泵房合建，以节约投资，方便管理。消防水泵房除应满足一般水泵房的要求外，应满足以下消防要求：消防水泵房应采用一、二级耐火等级的建筑；附设在建筑内的消防水泵房，应用耐火极限不低于 1 h 的不燃烧体墙和楼板，并与其他部位隔开；消防水泵房应设直通室外的出口；设在楼层上的消防水泵房应靠近安全出口；以内燃机作动力的消防水泵房，应有相应的安全措施。

② 泵房设施。泵房设施包括水泵的引水、水泵动力、泵房通信报警设备等。消防泵宜采用自灌式引水方式，采用其他引水方式时，应保证消防泵在 5 min 内启动。消防水泵可采用电动机、内燃机作为动力，一般要求应有可靠的备用动力。消防水泵房应具有直通消防控制中心或消防队的通信设备。

5. 消防水源

消防水源是为灭火系统提供消防用水的储水设施，消防水源的来源有三种，分别是天然水源、市政管网和消防水池。

（1）天然水源。天然水源就是利用自然界的江、河、湖、泊、池塘、水库及泉井等作为消防水源。在确定消防水源时，应优先考虑就近利用天然水源，以节省投资。消防水源利用天然水源时，应满足以下要求。

① 必须保证常年有足够的水量，即应确保枯水期最低水位时消防用水的可靠性，保证率按 25 年一遇来确定。

② 应设置可靠的取水设施，即应采取必要的技术措施，保证任何时候都能取到消防用水，如修建消防码头、自流井、回车场等，有防冻、防洪设施等。在城市改建、扩建时，若消防水源（包括天然水源）被填埋，应采取设管道、修建水池等相应的措施。

③ 供消防车使用的消防水源，其保护距离（保护半径）不大于 150 m。

④ 甲、乙、丙类液体储罐区，要有防止油流入水源的措施。

（2）市政管网。市政管网作为消防水源，是指城镇建设的给水管网通过进户管为建筑物提供消防用水。市政管网是主要的消防水源。

（3）消防水池。消防水池是人工建造的储存消防用水的构筑物。符合下述两种情况之一时，应设置消防水池。

① 当生活、生产用水量达到最大时，市政给水管道、进水管或天然水源不能满足室内外消防用水量。

② 市政给水管道为枝状或只有一条进水管，且消防用水量之和超过 25 L/s。

另外，由于其他原因，也可能设置消防水池。

消防水池的容量应满足在火灾延续时间内室内、室外消防用水总量的要求。消防水池宜分建成两个，尤其是容积超过 1 000 m³ 时，以保证水池检修时不中断供水。消防水池的补水时间不宜超过 48 h，缺水区或独立的石油库区可适当延长，但不宜超过 96 h。消防水池容积最小不应小于 36 m³。供消防车取水的消防水池，保护半径不大于 150 m，应有消防车道，应有取水口，取水口与建筑物（水泵房除外）的距离不宜小于 15 m，与甲、乙、丙类液体储罐的距离不宜小于 40 m，与液化石油气储罐的距离不宜小于 60 m，若有防止辐射热的保护设施时可减为 40 m，保证消防车的吸水高度不超过 6 m。

6. 水泵接合器

水泵接合器是供消防车往建筑物内消防给水管网输送水的预留接口。考虑到消火栓给水系统水泵故障或火势较大时，消火栓给水系统可能供水量不足，消防车可通过水泵接合器往管网补充水，一般管网均需要设置水泵接合器。

水泵接合器有以下三种类型：

（1）地上式水泵接合器。地上式水泵接合器形似室外地上消火栓，接口位于建筑物周围附近地面上，目标明显，使用方便。国家有关规定要求地上式水泵接合器要有明显的标志，以免火场上误认为是地上消火栓。

（2）地下式水泵接合器。地下式水泵接合器形似地下消火栓，设在建筑物周围附近的专用井内，不占地，适用于寒冷地区。安装时注意使接合器进水口处在井盖正下方，顶部进水口与井盖底面距离不大于 0.4 m，地面附近应有明显标志，以便火场辨识。

（3）墙壁式水泵接合器。墙壁式水泵接合器形似室内消火栓，设在建筑物的外墙上，其高出地面的距离不宜小于 0.7 m，并应与建筑物的门、窗、孔洞保持不小于 1.0 m 的水平距离。

此外，水泵接合器上还应设有止回阀、闸阀、安全阀等，以保证室内管网的正常工作。

水泵接合器的数量应根据室内消防用水量确定，每个水泵接合器的流量按 10～15 L/s 计。分区供水时，每个分区（超出当地消防车供水能力的上层分区除外）的消防给水系统均应设水泵接合器。水泵接合器应设在消防车便于接近的地点，且宜设在人行道或非汽车行驶地段。水泵接合器上应有明显标志，标明其管辖范围。

7.3 消防管道及设备安装

7.3.1 施工准备

1. 材料要求

（1）消防喷洒管材应根据设计要求选用，一般采用镀锌碳素钢管及管件，管壁内外镀锌应均匀，无锈蚀、无飞刺，零件无偏扣、方扣和丝扣不全、角度不准等现象。

（2）消火栓系统管材应根据设计要求选用，一般采用碳素钢管或无缝钢管，管材不得有弯曲、锈蚀、重皮及凹凸不平等现象。

（3）消防喷洒系统的报警阀、作用阀、控制阀、延迟器、水流指示器、水泵结合器等主要组件的规格型号应符合设计要求，配件齐全，铸造规矩，表面光洁，无裂纹，启闭灵活，有产品出厂合格证。

（4）喷洒头的规格、类型、动作温度应符合设计要求，外型规矩、丝扣完整，感温包无破碎和松动，易熔片无脱落和松动，有产品出厂合格证。

（5）消火栓箱体的规格类型应符合设计要求，箱体表面平整、光洁；金属箱体无锈蚀和划伤，箱门开启灵活，箱体方正，箱内配件齐全；栓阀外型规矩，无裂纹，启闭灵活，关闭严密，密封填料完好，有产品出厂合格证。

2. 主要机具

（1）套丝机、砂轮锯、台钻、电锤、手砂轮、手电钻、电焊机、电动试压泵等机械。

（2）套丝板、管钳、台钳、压力钳、链钳、手锤、钢锯、扳手、射钉枪、倒链、电气焊等工具。

（3）作业条件。

① 主体结构已验收，现场已清理干净。

② 管道安装所需要的基准线应测定并标明，如吊顶标高、地面标高、内隔墙位置线等。

③ 设备基础经检验符合设计要求，达到安装条件。

④ 安装管道所需要的操作架应由专业人员搭设完毕。

⑤ 检查管道支架、预留孔洞的位置、尺寸是否正确。

⑥ 喷洒头安装按建筑装修图确定位置，吊顶龙骨安装完，按吊顶材料厚度确定喷洒头的标高，封吊顶时按喷洒头预留口位置在顶板上开孔。

7.3.2 操作工艺

1. 工艺流程

安装准备→干管安装→报警阀安装→立管安装→喷洒分层干支管、消火栓及支管安装→水流指示器、消防水泵、高位水箱、水泵结合器安装→管道试压→管道冲洗→喷洒头支管安装（系统综合试压及冲洗）→节流装置安装→报警阀配件、消火栓配件、喷洒头安装→系统通水试调

2. 安装准备

（1）认真熟悉图纸，根据施工方案、技术、安全交底的具体措施选用材料、测量尺寸、绘制草图、预制加工。

（2）核对有关专业图纸，查看各种管道的坐标、标高是否有交叉或排列位置不当，如发现问题及时与设计人员研究解决。

（3）检查预埋件和预留洞是否准确。

（4）检查管材、管件、阀门、设备及组件等是否符合设计要求和质量标准。

（5）要安排合理的施工顺序，避免工程交叉作业干扰，影响施工。

3. 干管安装

（1）喷洒管道一般要求使用镀锌管件（干管直径在 100 mm 以上，无镀锌管件时采用焊接法兰连接，试完压后做好标记拆下来加工镀锌）。需要镀锌加工的管道应选用碳素钢管或无缝钢管，在镀锌加工前不允许刷油和污染管道。需要拆装镀锌的管道应先安排施工。

（2）喷洒干管用法兰连接，每根配管长度不宜超过 6 m，直管段可把几根连接一起，使用倒链安装，但不宜过长。也可调直后编号依次顺序吊装。吊装时，应先吊起管道一端，待稳定后再吊起另一端。

（3）管道连接紧固法兰时，检查法兰端面是否干净，采用 3~5 mm 的橡胶垫片。法兰接口应安装在易拆装的位置，法兰螺栓的规格应符合规定。紧固螺栓应先紧最不利点，然后依次对称紧固。

（4）消火栓系统干管安装应根据设计要求使用管材，按压力要求选用碳素钢管或无缝钢管。

① 管道在焊接前应清除接口处的浮锈、污垢及油脂。

② 当壁厚≤4 mm，直径≤50 mm 时应采用气焊；壁厚≥4.5 mm，直径≥70 mm 时应采用电焊。

③ 不同管径的管道焊接，连接时如两管径相差不超过小管径的15%，可

将大管端部缩口与小管对焊。如果两管相差超过小管径15%，应加工异径短管焊接。

④ 管道对口焊缝上不得开口焊接支管，焊口不得安装在支吊架位置上。

⑤ 管道穿墙处不得有接口（丝接或焊接），管道穿过伸缩缝处应有防冻措施。

⑥ 碳素钢管开口焊接时要错开焊缝，并使焊缝朝向易观察和维修的方向上。

⑦ 管道焊接时先点焊三点以上，然后检查预留口位置和方向，变径等无误后，找直、找正，再焊接，紧固卡件、拆掉临时固定件。

4. 报警阀安装

应设在明显、易于操作的位置，距地高度宜为 1 m 左右。报警阀处地面应有排水措施，环境温度不应低+5 ℃。报警阀组装时应按产品说明书和设计要求，控制阀应有启闭指示装置，并使阀门工作处于常开状态。

5. 消防喷洒和消火栓立管安装

（1）立管暗装在竖井内时，在管井内预埋铁件上安装卡件固定，立管底部的支吊架要牢固，防止立管下坠。

（2）立管明装时每层楼板要预留孔洞，立管可随结构穿入，以减少立管接口。

6. 消防喷洒分层干支管安装

（1）管道的分支预留口在吊装前应先预制好，丝接的用三通定位预留口，焊接可在干管上开口焊上熟铁管箍，调直后吊装。所有预留口均加好临时堵。

（2）需要加工镀锌的管道在其他管道未安装前试压、拆除、镀锌后进行二次安装。

（3）走廊吊顶内的管道安装要与通风管道的位置相互协调。

7. 消火栓及支管安装

（1）消火栓箱体要符合设计要求（其材质有木、铁和铝合金等），栓阀有单出口和双出口双控等。产品均应有消防部门的制造许可证及合格证方可使用。

（2）消火栓支管要以栓阀的坐标、标高进行定位，核定后再稳固消火栓箱，箱体找正稳固位置后再把栓阀安装好，栓阀侧装在箱内时应在箱门开启的一侧，箱门开启应灵活。

8. 水流指示器安装

水流指示器一般安装在每层的水平分支干管或某区域的分支干管上，应水平立装，倾斜度不宜过大。为保证叶片活动灵敏，水流指示器前后应保持有 5 倍安装管径长度的直管段，安装时注意水流方向与指示器的箭头一致。国内产品可直接安装在丝扣三通上，进口产品可在干管开口用定型卡箍紧固。水流指示器适用于直径为 50～150 mm 的管道上安装。

9. 消防水泵安装

（1）水泵的规格型号应符合设计要求，水泵应采用自灌式吸水。水泵基础按设计图纸施工，吸水管应加减振器。加压泵可不设减振装置，但恒压泵应加减振装置，进出水口加防噪声设施，水泵出口宜加缓闭式逆止阀。

（2）水泵配管安装应在水泵定位找平正，稳固后进行。水泵设备不得承受管道的质量。安装顺序为逆止阀阀门依次与水泵紧牢，与水泵相接配管的一片法兰先与阀门法兰紧牢，用线坠找直找正，量出配管尺寸，配管先点焊在这片法兰上，再把法兰松开取下焊接，冷却后再与阀门连接好，最后再焊与配管相接的另一管段。

（3）配管法兰应与水泵、阀门的法兰相符，阀门安装手轮方向应便于操作，标高一致，配管排列整齐。

10. 高位水箱安装

高位水箱的安装应在结构封顶前就位，并应做满水试验。消防用水与其他用水共用水箱时应确保消防用水不被它用，并留有 10 min 的消防总用水量。与生活用水合用时应使水经常处于流动状态，应防止水质变坏。消防出水管应加单向阀（防止消防加压时，水进入水箱）。所有水箱管口均应预制加工，如果现场开口焊接应在水箱上焊加强板。

11. 水泵结合器安装

水泵结合器的规格应根据设计选定，其安装位置应有明显标志，阀门位置应便于操作，结合器附近不得有障碍物。安全阀应按系统工作压力定压，以防止消防车加压过高破坏室内管网及部件。此外，结合器应装有泄水阀。

12. 消防管道试压

消防管道试压可分层分段进行，上水时最高点要有排气装置，高低点各装一块压力表，上满水后检查管路有无渗漏。如法兰、阀门等部位渗漏，应在加压前紧固，升压后再出现渗漏时做好标记，卸压后处理，必要时泄水处理。冬季试压环境温度不得低于+5 ℃，夏季试压最好不直接用外线上水，以防止结露。

13. 管道冲洗

消防管道在试压完毕后可连续做冲洗工作。冲洗前先将系统中的流量减压孔板、过滤装置拆除，冲洗水质合格后重新装好，冲洗出的水要有排放去向，不得损坏其他成品。

14. 喷洒头支管安装

喷洒头支管安装指吊顶型喷洒头的末端一段支管，这段管不能与分支干管同时顺序完成，要与吊顶装修同步进行。吊顶龙骨装完，根据吊顶材料厚度定出喷洒头的预留口标高，按吊顶装修图确定喷洒头的坐标，使支管预留口做到位置准确。支管管径全部为 25 mm，末端用 25 mm×15 mm 的异径管箍口，管箍口与吊顶装修层平齐，拉线安装。支管末端的弯头处 100 mm 以内应加卡件固定，防止喷头与吊顶接触不牢，上下错动。支管装完，预留口用丝堵拧紧，准备系统试压。

15. 喷洒系统试压

喷洒系统要在封吊顶前进行系统试压，为了不影响吊顶装修进度可分层分段试压，试压完后冲洗管道，合格后可封闭吊顶。吊顶材料在管箍口处开一个 30 mm 的孔，把预留口露出，吊顶装修完后再安装喷洒头。

16. 节流装置

在高层消防系统中，低层的喷洒头和消火栓流量过大，可采用减压孔板或节流管等装置均衡。减压孔板应设置在直径不小于 50 mm 水平管段上，孔口直径不应小于安装管段直径的 50%。孔板应安装在水流转弯处下游一侧的直管段上，与弯管的距离不应小于设置管段直径的两倍。采用节流管时，其长度不宜小于 1 m。

17. 报警阀配件安装

报警阀配件安装应在交工前进行。闭式喷头自动喷水灭火系统需安装延迟器。延迟器是防止误报警的设施，可按说明书及组装图安装，应装在报警阀与水力警铃之间的信号管道上。水力警铃安装在报警阀附近。与报警阀连接的管道应采用镀锌钢管。

18. 消火栓配件安装

消火栓配件安装应在交工前进行。消防水带应折好放在挂架上或卷实、盘紧放在箱内，消防水枪要竖放在箱体内侧，自救式水枪和软管应放在挂卡上或箱底部。消防水带与水枪快速接头的连接，一般用 14 号铅丝绑扎两道，每道不少于两圈，使用卡箍时，在里侧加一道铅丝。设有电控按钮时，应注意与电气专业配合施工。

19. 喷洒头安装

（1）喷洒头的规格、类型、动作温度要符合设计要求。

（2）喷洒头安装的保护面积、喷头间距及距墙、柱的距离应符合规范要求。

（3）喷洒头的两翼方向应成排统一安装。护口盘要贴紧吊顶，走廊单排的喷头两翼应横向安装。

（4）安装喷洒头应使用特制专用扳手（灯叉型），填料宜采用聚四氟乙烯带，防止损坏和污染吊顶。

（5）水幕喷洒头安装应注意朝向被保护对象，在同一配水支管上应安装相同口径的水幕喷头。

20. 喷洒管道的固定支架安装

（1）喷洒管道的固定支架安装应符合设计要求。支吊架的位置以不妨碍喷头效果为原则。一般吊架距喷头应大于 300 mm，对圆钢吊架可小到 70 mm。

（2）为防止喷头喷水时管道产生大幅度晃动，干管、立管均应加防晃固定支架。干管或分层干管可设在直管段中间，距立管及末端不宜超过 12 m，单杆吊架长度小于 150 mm 时，可不加防晃固定支架。

（3）防晃固定支架应能承受管道、零件、阀门及管内水的总质量和 50%水平方向推动力而不损坏或产生永久变形。立管要设两个方向的防晃固定支架。

21. 自动装置安装

设置雨淋和水幕喷水灭火系统采用自动装置时，应设手动开启装置。一般在无采暖设施或环境温度高于 70 ℃ 的区域，应采用干式自动喷水灭火系统，干式自动喷水灭火系统未装喷洒头前，应做好试压冲洗工作。有条件时应用空压机吹扫管道。

22. 消防水泵试压

消防系统通水调试应达到消防部门测试规定条件。消防水泵应接通电源并已试运转，测试最不利点的喷洒头和消火栓的压力和流量能满足设计要求。

第8章 卫生器具安装

8.1 卫生器具的种类

卫生器具是供洗涤以及收集排除日常生活、生产中所产生的污（废）水的设备。常用卫生器具，按其用途可分为以下几类。

（1）便溺用卫生器具：包括大便器、大便槽、小便器和小便槽等。

（2）盥洗、沐浴用卫生器具：包括洗脸盆、盥洗槽、浴盆和淋浴器等。

（3）洗涤用卫生器具：包括洗涤盆、污水盆、化验盆等。

（4）专用卫生器具：如医疗、科学研究实验室特殊需要的卫生器具。

为满足卫生清洁的要求，卫生器具一般采用不透水、无气孔、表面光滑、耐腐蚀、耐磨损、耐冷热、便于清扫、有一定强度的材料制造，如陶瓷、搪瓷生铁、塑料水磨石、复合材料等。为了防止粗大污物进入管道，发生堵塞，除了大便器外，所有卫生器具均应在放水口处设栏栅。

8.2 卫生器具的安装

8.2.1 便溺用卫生器具

卫生器具在卫生间的平面和高度方面的安装是否合理，直接关系到使用方便和保持良好的卫生间的环境，因此，安装位置的正确定位非常重要。各种卫生器具安装高度如表8.1所示。

表8.1 各种卫生器具安装高度

序　号	卫生器具名称	卫生器具边缘离地面高度/mm	
		居住和公共建筑	幼儿园
1	架空污水盆（池）（至上边缘）	800	800
2	落地式污水盆（至上边缘）	500	500

序 号	卫生器具名称	卫生器具边缘离地面高度/mm	
		居住和公共建筑	幼儿园
3	洗涤盆（池）（至上边缘）	800	800
4	洗手盆、洗脸盆（至上边缘）	800	800
5	盥洗槽（至上边缘）	800	500
6	浴盆（至上边缘）	480	—
	按摩浴盆（至上边缘）	450	—
	淋浴盆（至上边缘）	100	—
7	蹲、坐式大便器（从台阶面至高水箱底）	1 800	1 800
8	蹲式大便器（从台阶面至低水箱底）	900	900
9	坐式大便器（至低水箱底）		
	外露排出管式	510	—
	虹吸喷射式	470	370
	冲落式	510	—
	漩涡连体式	250	—
10	坐式大便器（至上边缘）		
	外露排出管式	400	—
	虹吸喷射式	380	—
	冲落式	380	—
	漩涡连体式	360	—
11	大便槽（从台阶面至冲洗水箱底）	不低于 2 000	—
12	立式小便器（至受水部分上边缘）	100	—
13	挂式小便器（至受水部分上边缘）	600	450
14	小便槽（至台阶面）	200	150
15	化验盆（至上边缘）	800	—
16	净身器（至上边缘）	360	—
17	饮水器（至上边缘）	1 000	—

1. 大便器

常用大便器有坐式大便器、蹲式大便器、大便槽三种类型。按构造形式分盘形和漏斗形两类：盘形大便器与存水弯是分离的，蹲式大便器属于此类；漏斗形大便器本身附有存水弯，坐式大便器属于此类。以冲洗水力原理分为冲洗式和虹吸式两种：冲洗式大便器是利用冲洗设备具有的水压进行冲洗；虹吸式大便器是应用冲洗设备具有的水压和虹吸作用的抽吸力进行冲洗。

蹲式大便器因本身不带水封装置，需另外装设存水弯，一般在地板上设平台。高水箱蹲式大便器一步台阶的安装形式，如图8.1所示。

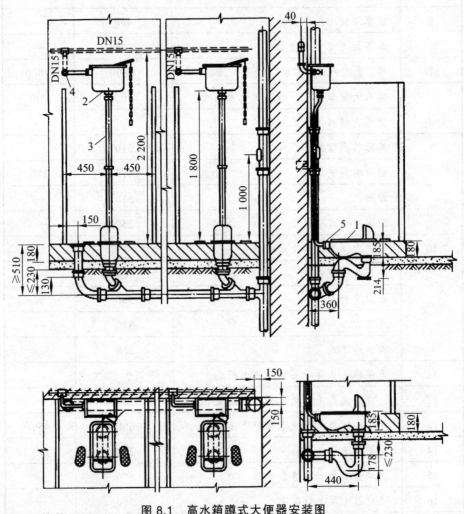

图 8.1 高水箱蹲式大便器安装图

1—蹲式大便器；2—高水箱；3—冲水管；4—角阀；5—橡皮碗

168

高水箱二步台阶、低水箱、自闭式冲洗阀蹲式大便器的安装形式见《全国通用给水排水标准图集》(S342)。大便器成组安装的中心距为900 mm。

坐式大便器一般布置在较高级的住宅、医院、宾馆等卫生间内,冲洗式低水箱坐式大便器的安装如图 8.2 所示。带水箱、自闭式冲洗阀、漩涡虹吸式连体式坐式大便器的安装见《全国通用给水排水标准图集》(S342)。

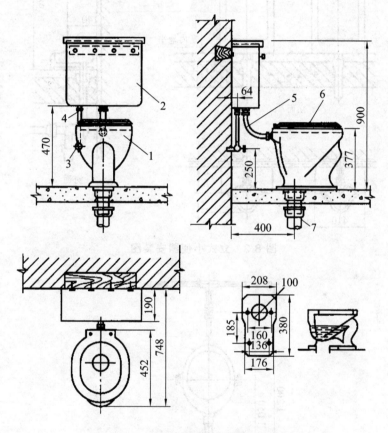

图 8.2　低水箱坐式大便器安装图

1—坐式大便器;2—低水箱;3—角阀;4—给水管;
5—冲水管;6—盖板;7—排水管

2. 小便器

小便器设于公共建筑男厕所内,有挂式、立式和小便槽三类。其中立式小便器用于标准高的建筑,小便槽用于工业企业、公共建筑和集体宿舍等建筑。图 8.3 和图 8.4 分别为立式小便器和挂式小便器安装图。

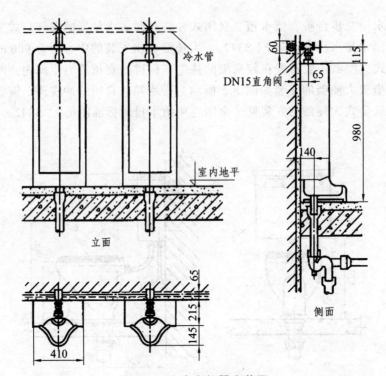

冷水管

DN15直角阀

室内地平

立面

侧面

60 115 65 980 140 65 215 145

410

图 8.3 立式小便器安装图

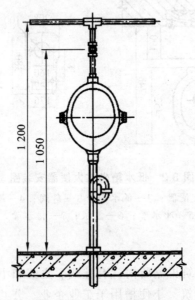

1 200 1 050

图 8.4 挂式小便器安装图

8.2.2 盥洗、沐浴用卫生器具

1. 洗脸盆

洗脸盆一般用于洗脸、洗手和洗头，设置在盥洗室、浴室、卫生间及理发室内，一般为陶瓷制品，其外形有长方形、半圆形、椭圆形和三角形，洗脸盆的高度及深度应适宜，盥洗不用弯腰，较省力，使用时不溅水，可用流动水盥洗，故比较卫生。安装方式有墙架式、柱脚式和台式，如图 8.5 所示。成排设置时，中心距为 700 mm，并可用一个存水弯。

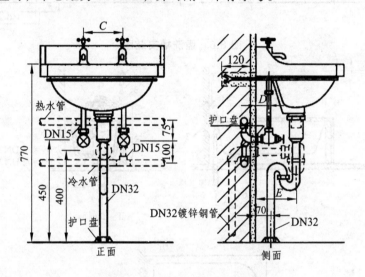

图 8.5 墙架式洗脸盆安装图

2. 盥洗槽

盥洗槽一般是采用瓷砖、水磨石等材料现场建造的卫生设备，设置在同时有多人使用的地方，如工厂的生活间、集体宿舍和公共建筑的盥洗室等。长方形盥洗槽的槽宽一般为 500 ~ 600 mm，距槽上边缘 200 mm 处装设配水水嘴，配水水嘴的间距一般为 700 mm，槽内靠墙的一侧设有泄水沟，污水由此沟流至排水栓，安装如图 8.6 所示。

3. 浴 盆

一般用钢板搪瓷、铸铁搪瓷、玻璃钢等材料制成，其外形多呈长方形。设在住宅、宾馆、医院等卫生间或公共浴室内。浴盆的一端配有冷热水水嘴或混合水嘴，有的还配有淋浴设备，排水口及溢水口均设在装置水嘴的一端，盆底有 0.02 的坡度坡向排水口，如图 8.7 所示。

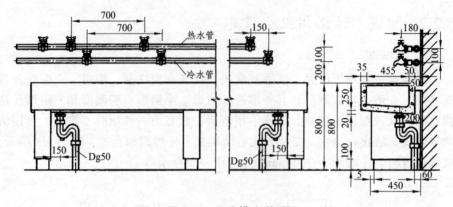

图 8.6　盥洗槽安装图

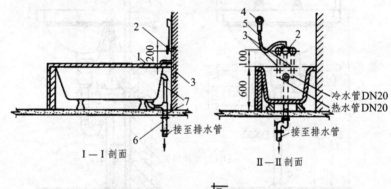

I—I 剖面　　　　II—II 剖面

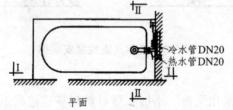

平面

图 8.7　浴盆安装图

1—浴盆；2—混合阀门；3—给水管；4—莲蓬头；5—软管；
6—存水弯；7—排水管

4. 淋浴器

　　淋浴器多用于工厂、学校、机关、部队、公共浴室、集体宿舍和体育馆的卫生间内。与浴盆相比，具有占地面积小，设备费用低，耗水量小，清洁卫生，避免疾病传染等优点。淋浴器有成品的，也有现场安装的，如图 8.8 所示。淋浴器成排设置时，相邻两喷头之间的距离为 900～1000 mm，莲蓬头距地面高度为 2 000～2 200 mm，浴室地面应有 0.005～0.01 的坡度坡向排水口。

172

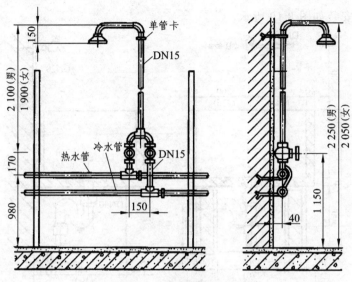

图 8.8　淋浴器的安装图

8.2.3　洗涤用卫生器具

1. 洗涤盆

洗涤盆装设在厨房或公共食堂内用来洗涤碗碟、蔬菜等，有单格和双格之分，双格洗涤盆一格洗涤，另一格泄水。洗涤盆安装如图 8.9 所示。

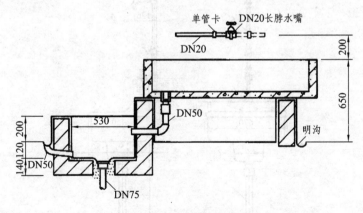

图 8.9　洗涤盆安装图

2. 污水池

污水池设置在公共建筑的厕所和盥洗室内，供洗涤拖布、打扫卫生、倾倒污水之用。盆深一般为 400～500 mm，多为水磨石或瓷砖贴面的钢筋混凝土制品，安装如图 8.10 所示。

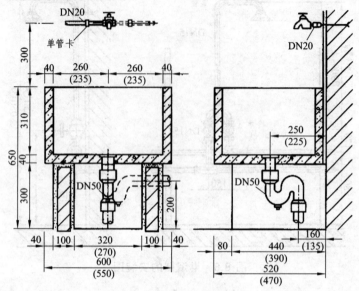

图 8.10　污水池安装图

3. 化验盆

设置在工厂、科研机构和学校的化验室或实验室内，盆内已带水封，根据需要可装设单联、双联、三联鹅颈水嘴，如图 8.11 所示。

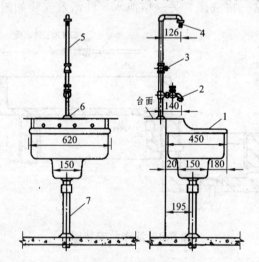

图 8.11　化验盆安装图

1—洗涤盆；2—水嘴；3—截止阀；4—螺纹管；
5—出水管；6—固定底座；7—排水管

8.2.4 专用卫生器具

1. 饮水器

饮水器一般设置在工厂、学校、火车站、体育馆和公园等公共场所，是供人们饮用冷开水或消毒冷水的器具。实质上是一个铜质弹簧饮水水嘴。饮水器水盘上缘距地板高度为 850 mm，饮水水嘴安装高度为 1 000 mm，饮水器的安装见《全国通用给水排水标准图集》(S342)。

2. 妇女净身盆

妇女净身盆与大便器配套安装，供便溺后洗下身用，更适合妇女和痔疮患者使用。一般用于宾馆高级客房的卫生间内，也用于医院、工厂的妇女卫生室内，如图 8.12 所示。

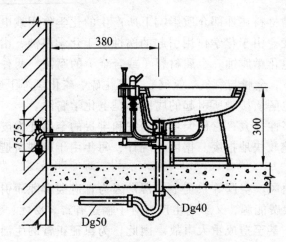

图 8.12　妇女用卫生盆安装图

175

第9章 管道及设备的防腐与保温

9.1 管道及设备的防腐

9.1.1 腐蚀及防腐

腐蚀主要是材料在外部介质影响下所产生的化学作用或电化学作用，使材料破坏和质变。由于化学作用引起的腐蚀属于化学腐蚀；由电化学作用引起的腐蚀称为电化学腐蚀。金属材料（或合金）的腐蚀，两种均有。

一般情况下，金属与氧气、氯气、二氧化硫、硫化氢等干燥气体或汽油、乙醇、苯等非电解质接触所引起的腐蚀都是电化学腐蚀。

腐蚀的危害性很大，它使大量的钢铁和宝贵的金属变为废品，使生产和生活使用的设施较快地报废。据国外统计，每年由于腐蚀所造成的经济损失也是相当大的。

在供热、通风、空调等系统中，常常因为管道被腐蚀而引起系统漏水、漏气，这样既浪费能源，又影响生产。对于输送有毒、易燃、易爆炸的介质，还会污染环境，甚至造成重大事故。因此，为保证正常的生活秩序和生产秩序，延长系统的使用寿命，除了正确选材外，采取有效的防腐措施也是十分必要的。

防腐的方法很多，如采取金属镀层、金属钝化、阴极保护及涂料工艺等。在管道及设备的防腐方法中，采用最多的是涂料工艺。对于放置在地面上的管道和设备，一般采用油漆涂料；对于设置在地下的管道，则多采用沥青涂料。

9.1.2 管道及设备表面的除污

为了使防腐材料能起较好的防腐作用，除所选涂料本身能耐腐蚀外，还要求涂料和管道、设备表面能很好的结合。一般钢管（或薄钢板）和设备表面总有各种污物，如灰尘、污垢、油渍、锈斑等，这些会影响防腐涂料对金属的附着力。如果铁锈没除尽，油漆涂刷到金属表面后，漆膜下被封闭的空气继续氧化金属，即继续生锈，以致使漆膜被破坏，使锈蚀加剧。为了增加油漆的附着力和防腐效果，在涂刷底漆前，必须将管道或设备表面的污物清除干净，并保持干燥。

常用的除污方法有以下几种：

1. 人工除污

人工除污一般使用钢丝刷、砂布、废砂轮片等摩擦外表面。对于钢管的内表面除锈，可用圆形钢丝刷来回拉擦。内外表面除锈必须彻底，应以露出金属光泽为合格，再用干净废棉纱或废布擦干净，最后用压缩空气吹洗。

这种方法劳动强度大，效率低，质量差。但在劳动力充足，机械设备不足时，尤其是安装工程中还是经常采用人工除污。

2. 喷砂除污

喷砂除污时采用 0.4 ~ 0.6 MPa 的压缩空气，把粒度为 0.5 ~ 2.0 mm 的砂子喷射到有锈污的金属表面上，靠砂子的打击使金属表面的污物去掉，露出金属的光泽来。用这种除污方法的金属面变得粗糙而又均匀，使油漆能与金属表面很好的结合，并且能将金属表面凹处的锈除尽，是加工厂或预制厂常用的一种除污方法。

喷砂除污虽然效率高，质量好，但由于喷砂过程中产生大量的灰尘，污染环境，影响人们的身体健康。为避免干喷砂使用时的缺点，减少尘埃的飞扬，可用喷湿砂的方法来除污。为防止喷湿砂除污后的金属表面生锈，需在水中加入一定量（1% ~ 15%）的缓蚀剂（如磷酸三钠、亚硝酸钠），使除污后的金属表面形成一层牢固而密实的膜（即钝化）。实践证明，加有缓蚀剂的湿砂除污后，金属表面可保持短时间不生锈。喷湿砂除污的砂子和水一般在储蓄罐内混合，然后沿管道至喷嘴高速喷出，以除去金属表面的污物，一次使用后的湿砂再收集起来倒入储砂罐内继续使用。

9.1.3 管道及设备刷油

1. 油 漆

油漆是一种有机高分子胶体混合物的溶液，实际上是一种"有机涂料"。将它称之为油漆，是由于从前人们制漆时，多采用天然的植物油为主要原料制成的漆。现在的人造漆已经很少用油，而改用有机合成的各种树脂，仍将它们称之为油漆是沿用习惯的叫法。

油漆主要由成膜物质、溶剂（或稀释剂）、颜料（或填料）三部分组成。成膜物质实际上是一种黏合剂，是油漆的基础材料，它的作用是将颜料或填料黏结融合在一起，以形成牢固附着在物体表面的漆膜。溶剂（或稀释剂）是一些挥发性液体，它的作用是溶解和稀释成膜物质溶液。颜料（或填料）为粉状，它的作用是增加漆膜的厚度和提高漆膜的耐磨、耐热和耐化学腐蚀性能。

目前，油漆的品种繁多，性能各不相同。如何正确的选择和使用油漆，对防腐效果的好坏有着极大的关系，一般情况下，应考虑下列因素。

（1）被涂物周围腐蚀介质的种类、浓度和温度。

（2）被涂物表面的材料性质。

（3）经济效果。

2. 管道及设备刷油

油漆防腐的原理就是靠漆膜将空气，水分、腐蚀介质等隔离起来，以保护金属表面不受腐蚀。

油漆的漆膜一般由底层（漆）和面层（漆）构成。底漆打底，面漆罩面。底层应用附着力强，并具有良好防腐性能的漆料涂刷。面层的作用主要是保护底层不受损伤。每层涂膜的厚度视需要而定，施工时可涂刷一遍或多遍。

刷油漆方法很多，下面介绍安装工程中常用的两种方法。

（1）涂刷法。涂刷法主要是手工涂刷。这种方法操作简单，适应性强，可用于各种涂料的施工。但人工涂刷方法效率低，并且涂刷的质量受操作人员技术水平的影响较大。

手工涂刷应自上而下，从左至右，先里后外，先斜后直，先难后易，纵横交错的进行，漆层厚薄均匀一致，无漏刷处。

（2）空气喷涂。空气喷涂所用的工具为喷枪（见图 9.1）。其原理是压缩空气通过喷嘴时产生高速气流，将储漆罐内漆液引射混合成雾状，喷涂于物体的表面。这种方法的特点是漆膜厚薄均匀，表

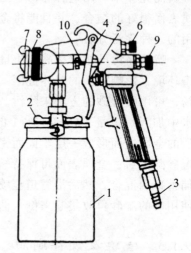

图 9.1 油漆喷枪

1—油漆罐；2—栅栏螺丝；3—空气接头；4—扳机；5—空气阀杆；6—控制阀；7—空气喷嘴；8—螺帽；9—螺栓；10—针塞

面平整，效率高。

只要调整好油漆的黏度和压缩空气的工作压力，并保持喷嘴距被涂物表面一定的距离和一定的移动速度，均能达到满意的效果。

喷枪所用的空气压力一般为 0.2 ~ 0.4 MPa。喷嘴距被涂物件的距离，视被涂物件的形状而定。如被涂物件表面为平面，一般在 250 ~ 350 mm 为宜；如被涂物件表面为圆弧面，一般在 400 mm 左右为宜。喷嘴移动的速度一般为 10 ~ 15 m/min。

空气喷涂的涂膜较薄，往往需要喷涂几次才能达到需要的厚度。为提高一次喷涂的涂膜厚度，减少稀释剂的消耗量，提高工作效率，可采用热喷涂施工。热喷涂施工就是将油漆加热，用提高油漆温度的方法来代替稀释剂使油漆的黏度降低，以满足喷涂的需要。油漆加热温度一般为 70 ℃。采用热喷涂法比一般空气喷涂法可节省 2/3 左右的稀释剂，并提高近一倍的工作效率，同时还能改变涂膜的流平性。

刷油的方法有很多，如滚涂、浸涂、高压喷涂、静电喷涂、电泳涂、粉末涂法等，但不管采用哪种施工方法，为保证施工质量，均要求被涂物表面清洁干燥，并避免在低温和潮湿环境下工作。当气温低于 5 ℃ 时，应采取适当的防冻措施。需要多遍涂刷时，必须在上一遍涂膜干燥后，方可涂刷第二遍。

9.1.4 埋地管道的防腐

埋地管道的腐蚀是由于土壤的酸性、碱性、潮湿、空气渗透以及地下杂散电流的作用等因素所引起的，其中主要是电化学作用。防止腐蚀的方法主要是采用沥青涂料。

1. 沥　青

沥青是一种有机胶结构，主要成分是复杂的高分子烃类混合物及含硫、含氮的衍生物。它具有良好的黏结性、不透水和不导电性。能抵稀酸、稀碱、盐、水和土壤的侵蚀，但不耐氧化剂和有机溶剂的腐蚀，耐气候性也不强。它价格低廉，是地下管道最主要的防腐涂料。

沥青有两大类：地沥青（石油沥青）和煤沥青。

石油沥青有天然石油沥青和炼油沥青。天然石油沥青是在石油产地天然存在的或从含有沥青的岩石中提炼而得；炼油沥青则是在提炼石油时得到的残渣，经过继续蒸馏或氧化后而得。根据我国现行的石油沥青标准，分为道路石油沥青、建筑石油沥青和普通石油沥青。在防腐工程中，一般采用建筑石油沥青和普通石油沥青。

煤沥青又称煤焦油沥青、柏油，是由烟煤炼制焦炭或制取煤气时干馏所挥发的物质中，冷凝出来的黑色黏性液体，经进一步蒸馏加工提炼所剩的残渣而得。煤沥青对温度变化敏感，软化点低，低温时性脆，其最大的缺点是有毒，因此一般不直接用于工程防腐。

沥青的性质是用针入度、伸长度、软化点等指标来表示的。针入度反映沥青软硬稀稠的程度，针入度越小，沥青越硬，稠度就越大，施工就越不方便，老化就越快，耐久性就越差。伸长度反映沥青塑性的大小，伸长度越大，塑性越好，越不易脆裂。软化点表示固体沥青熔化时的温度。软化点越低，固体沥青熔化时的温度就越低。防腐沥青要求的软化点应根据管道的工作温度而定。软化点太高，施工时不易熔化，软化点太低，则热稳定性差。一般情况下，沥青的软化点应比管道最高工作温度高 40 ℃ 以上为宜。

在管道及设备的防腐工程中，常用的沥青型号有 30 号甲、30 号乙、10 号建筑石油沥青和 75 号、65 号、55 号普通石油沥青，其性能如表 9.1 所示。

表 9.1　常用沥青性能

名称	牌号	针入度（25 ℃ 100 g /10 mm）	伸长度/mm 25 ℃ 不小于	软化度/℃ 不低于	溶解度（苯）/% 不小于	闪点/℃（开口）不低于	蒸发损失（160 ℃, 5 h）/% 不大于	蒸发后针入度比/% 不小于
建筑石油沥青（GB/T 494—65）	10 号	5 ~ 20	1	90 ~ 110	99	200	1	60
	30 号（甲）	21 ~ 40	3	70	99	230	1	60
	30 号（乙）	21 ~ 40	3	60	99	230	1	60
普通石油沥青（SYB 1665—625）	75 号	75	2	60	98	230		
	65 号	65	1.5	80	98	230		
	55 号	55	1	100	98	230		

2. 防腐层结构及施工方法

由前述可知，埋地管道腐蚀的强弱主要取决于土壤的性质。根据土壤腐蚀性质的不同，可将防腐层结构分为三种类型：普通防腐层、加强防腐层和特加强防腐层，其结构如表 9.2 所示。

表 9.2　埋地管道防腐层结构

防腐层层次（从金属表面起）	普通防腐层	加强防腐层	特加强防腐层
1	沥青底漆	沥青底漆	沥青底漆
2	沥青涂层	沥青涂层	沥青涂层
3	外包保护层	加强包扎层	加强包扎层
4		沥青涂层	沥青涂层
5		外包保护层	加强包扎层
6			沥青涂层
7			外包保护层

普通防腐层适用于腐蚀性轻微的土壤；加强防腐层适用于腐蚀性较剧烈的土壤；特加强防腐层适用于腐蚀性极为剧烈的土壤。土壤腐蚀性等级及其防护如表 9.3 所示。

表 9.3　土壤腐蚀性等级及防腐措施

土壤腐蚀性等级		轻微	剧烈	极剧烈
测定方法	土壤电阻率 /$\Omega \cdot m^{-1}$	>20	20~5	<5
	含盐量/%	<0.05	0.05~0.75	>0.75
	含水量/%	<5	5~12	25~12
	在 $\Delta V=500$ mV 时极化电流密度 /$mA \cdot cm^{-2}$	<0.025	0.025~0.3	0.3
防腐措施		普通防腐层	加强防腐层	特加强防腐层

沥青底漆涂刷于清洁干燥的钢管表面上，其作用是为了加强沥青涂层与钢管表面的黏结力。沥青底漆和沥青涂层用同一种沥青，它与汽油、煤油、柴油等溶液剂按 1∶2.5~3.0（体积比）的比例配制而成。制备沥青底漆时，应先将沥青在锅内加热熔化并升温至 160 ℃~180 ℃ 进行脱水，然后冷却到 70 ℃~80 ℃，再将此沥青按比例慢慢地倒入装有溶剂的容器内，不断地搅拌至均匀为止。严禁把汽油等溶剂倒入熔化的沥青锅内。

在制备沥青涂料时，其熔化温度应为 180 ℃~220 ℃，使用温度应为 160 ℃~180 ℃。当一种沥青不能满足使用要求时（如软化点、针入度、伸长度等），可采用同类沥青与橡胶粉、高岭土、石棉粉、滑石粉等材料掺配成沥青玛琋脂。配制时先将沥青放入沥青锅内加热至 160 ℃ ~ 180 ℃ 使其脱水，然后一面搅拌，一面慢慢加入填料，至完全熔合为一体为止。在配制过程中，其温度不得超过 220 ℃，以防止沥青结焦。

沥青涂层中间所夹的加强包扎层，可采用玻璃丝布、石棉油毡、麻袋布等材料，其作用是为了提高沥青涂层的机械强度和热稳定性。

施工时包扎料最好用长条带成螺旋状包缠，圈与圈之间的接头搭接长度应为 30 ~ 50 mm，并用沥青黏合，应全部黏合紧密，不得形成空气泡和折皱。

防腐层外面的保护层，目前多采用塑料布或玻璃丝布包缠而成，其施工方法和要求与加强包扎层相同。保护层的作用可提高整个防腐层的防腐性能。

防腐层的厚度应符合设计要求，一般普通防腐层的厚度不应小于 3 mm；加强防腐层的厚度不应小于 6 mm；特加强防腐层的厚度不应小于 9 mm。

9.2　管道及设备的保温

保温又称绝热，绝热则更加确切。绝热是减少系统热量向外传递（保温）和外部热量传入系统（保冷）而采取的一种工艺措施。绝热包括保温保冷。

保温和保冷是不同的。保冷的要求比保温高。这不仅是因为冷损失比热损失代价高，更主要的是因为保冷结构的热传递方向是由外向内。在传热过程中，由于保冷结构内外壁之间的温度差而导致保冷结构内外壁之间的水蒸气分压力差。因此，大气中的水蒸气在分压力差的作用下随热流一起渗入绝热材料内，并在其内部产生凝结水或结冰现象，导致绝热材料的导热系数增大，结构开裂。对于有些有机材料，还将因受潮而发霉腐烂，以致材料完全被损坏。系统的温度越低，水蒸气的渗透性就越强。为防止水蒸气的渗入，保冷结构的绝热层外必须设置防潮层。而保温结构在一般情况下是不设置防潮层的。这就是保温结构与保冷结构的不同之处。虽然保温和保冷有所不同，但往往并不严格区分，习惯上统称为保温。

保温的主要目的是减少冷、热量的损失，节约能源，提高系统运行的经济性。此外，对于高温设备和管道，保温后能改善四周的劳动条件，并能避免或保护运行操作人员不被烫伤，实现安全生产。对于低温设备和管道（如制冷系统），保温能提高外表面的温度，避免在外表面上结露或结霜，也可以避免人的皮肤与之接触受冻。对于空调系统，保温能减小送风温度的波动范围，有助于保持系统内部温度的恒定。对于高寒地区的室外回水或给排水管道，保温能防止水管冻结。综上所述，保温对节约能源，提高系统运行的经济性，改善劳动条件和防止意外事故的发生都有非常重要的意义。

9.2.1 对保温材料的要求及保温材料的选用

保温材料必须是导热系数小的材料。理想的保温材料除导热系数小外，还应当具有质量轻、有一定机械强度、吸湿率低、抗水蒸气渗透性强、耐热、不燃、无毒、无臭味、不腐蚀金属、能避免鼠咬虫蛀、不易霉烂、经久耐用、施工方便、价格低廉等特点。

在实际工程中，一种材料全部满足上述要求是很困难的，这就需要根据具体情况具体分析、比较，抓主要矛盾，选择最有利的保温材料。例如，低温系统应首先考虑保温材料的容重轻，导热系数小，吸湿率小等特点；高温系统则应着重考虑材料在高温下的热稳定性。在大型工程项目中，保温材料的需要量和品种规格都较多，还应考虑材料的价格、货源，以及减少品种规格等。品种和规格多会给采购、存放、使用、维修管理等带来很多麻烦。对于在运行中有振动的管道或设备，宜选用强度较好的保温材料及管壳，以免长期受振使材料破碎。对于间歇运行的系统，还应考虑选用热容量小的材料。

目前，保温材料的种类很多，比较常用的保温材料有岩棉、玻璃棉、矿渣棉、珍珠岩、硅藻土、石棉、水泥蛭石等类似材料及碳化软木，聚苯乙烯泡沫塑料、聚氨酯泡沫塑料、泡沫玻璃、泡沫石棉、铝箔、不锈钢箔等。各厂家生产的同一保温材料的性能均有所不同，选用时应按照厂家的产品样本或使用说明书中所给的技术数据选用。

9.2.2 保温结构的组成、作用及施工方法

保温结构一般由防锈层、保温层、防潮层（对保冷结构而言）、保护层、防腐蚀及识别标志层等构成。

防腐层所用的材料为防锈漆等涂料，它直接涂刷于清洁干燥的管道或设备的外表面。无论是保温结构或是保冷结构，其内部总有一定的水分存在，因为保温材料在施工前不可能绝对干燥；而且在使用（包括运行或停止运行）过程中，空气中的水蒸气也会进入到保温材料中去。金属表面受潮湿后会生锈腐蚀，因此，管道或设备在进行保温之前，必须在表面涂刷防锈漆，这对保冷结构尤其重要。保冷结构可选择沥青冷底子油或其他防锈力强的材料作防锈层。

保温层在防锈层的外面，是保温结构的主要部分，所用材料如前所述。

其作用是减少管道或设备与外部的热量传递，起保温保冷作用。

在保温层外面对保冷结构，要做防潮层，目前防潮层所用的材料有沥青及沥青油毡、玻璃丝布、聚乙烯薄膜、铝箔等。防潮层的作用是防止水蒸气或雨水渗入保温材料，以保证材料良好的保温效果和使用寿命。

保护层设在保温层或防潮层外面，主要是保护保温层或防潮层不受机械损伤。保护层常用的材料有石棉石膏、石棉水泥、金属薄板及玻璃丝布等。

保温结构的最外面为防腐蚀及识别标志层，防止或保护保护层不被腐蚀，一般采用耐气候性较强的油漆直接涂刷于保护层上。由于这一层处于保温结构的最外层，为区分管道内的不同介质，常采用不同颜色的油漆涂刷，所以防腐层同时也起识别管内流动介质的作用。

由前述可知，在保温结构的各层中，防锈层和防腐蚀及识别层所用材料为油漆等涂料，其施工方法已在上一节叙述，本处不再重复。下面将保温层、防潮层、保护层的施工方法分别加以阐述。

1. 保温层施工

保温层的施工方法主要取决于保温材料的形状和特性，常用的保温方法有以下几种形式。

（1）涂抹法保温。涂抹法保温适用于石棉粉，硅藻土等不定形的散状材料，将其按一定的比例用水调成胶泥涂抹于需要保温的管道设备上。这种保温方法整体性好，保温层和保温面结合紧密，且不受被保温物体形状的限制。

涂抹法多用于热力管道和热力设备的保温，其结构如图 9.2 所示。施工时应分多次进行，为增加胶泥与管壁的附着力，第一次可用较稀的胶泥涂抹，厚度为 3~5 mm，待第一层彻底干燥后，用干一些的胶泥涂抹第二层，厚度为 10~15 mm，以后每层为 15~25 mm，均应在前一层完全干燥后进行，直到要求的厚度为止。

涂抹法不得在环境温度低于 0 ℃ 的情况下施工，以防胶泥冻结。为加快胶泥的干燥速度，可在管道或设备内通入温度不高于 150 ℃ 的热水或蒸汽。

（2）绑扎法保温。绑扎法适用于预制保

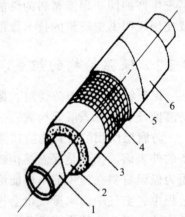

图 9.2　涂抹法保温结构

1—管道；2—防锈漆；3—保温层；
4—铁丝网；5—保护层；
6—防腐漆

184

温瓦或板块料，用镀锌铁丝绑扎在管道的壁面上，是目前国内外热力管道保温最常用的一种保温方法，其结构如图9.3所示。

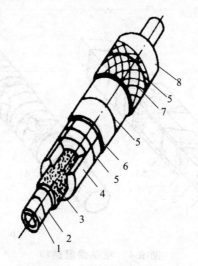

图9.3　绑扎法保温结构

1—管道；2—防锈漆；3—胶泥；4—保温材料；5—镀锌铁丝；
6—沥青油毡；7—玻璃丝布；8—防腐漆

为使保温材料与管壁紧密结合，保温材料与管壁之间应涂抹一层石棉粉或石棉硅藻土胶泥（一般为3~5 mm厚），然后再将保温材料绑扎在管壁上。对于矿渣棉、玻璃棉、岩棉等矿纤材料预制品，因抗水湿性能差，可不涂抹胶泥直接绑扎。

绑扎保温材料时，应将横向接缝错开，如果一层预制品不能满足要求而采用双层结构时，双层绑扎的保温预制品应内外盖缝。如保温材料为管壳，应将纵向接缝设置在管道的两侧。非矿纤材料制品（矿纤材料制品采用干接缝）的所有接缝均应用石棉粉、石棉硅藻土或与保温材料性能相近的材料配成胶泥填塞。绑扎保温材料时，应尽量减少两块之间的接缝。制冷管道及设备采用硬质或半硬质隔热层管壳，管壳之间的缝隙不应大于2 mm，并用黏结材料将缝填满。采用双层结构时，第一层表面必须平整，不平整时，矿纤材料用同类纤维状材料填平，其他材料用胶泥抹平，第一层表面平整后方可进行下一层保温。

绑扎的铁丝，根据保温管直径的大小一般为1~1.2 mm，绑扎的间距不超过300 mm，并且每块预制品至少应绑扎两处，每处绑扎的铁丝不应少于两圈，其接头应放在预制品的接头处，以便将接头嵌入接缝内。

（3）粘贴法保温。粘贴法保温也适用于各种保温材料加工成型的预制品，它靠黏合剂与被保温的物体固定，多用于空调系统及制冷系统的保温，其结构如图 9.4 所示。

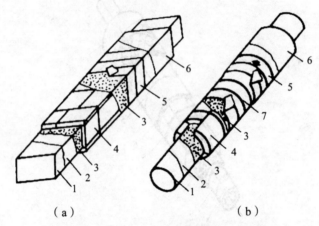

（a）　　　　　　　　　（b）

图 9.4　粘贴保温结构

1—风管（水管）；2—防锈漆；3—黏合剂；4—保温材料；
5—玻璃丝布；6—防腐漆；7—聚乙烯薄膜

选用黏合剂时，应符合保温材料的特性，并且价格低廉，采购方便。目前，大部分材料都可用石油沥青玛琋脂作黏合剂，其制备方法和使用要求已在上一节叙述。对于聚苯乙烯泡沫塑料制品，要求使用温度不超过 80 ℃，温度过高，材料会受到破坏，故不能用热沥青或沥青玛琋脂作黏合剂，可选用聚氨酯预聚体（即 101 胶）或醋酸乙烯乳胶、酚醛树脂、环氧树脂等材料作黏合剂。也可采用冷石油沥青玛琋脂作黏合剂，但由于受到使用温度的限制，其黏结质量较差。

涂刷黏合剂时，要求黏合贴面及四周接缝上各处黏合剂均匀饱满。粘贴保温材料时，应将接缝相互错开，错缝的方法及要求与绑扎法保温相同。

（4）钉贴法保温。钉贴法保温是矩形风管采用的较多的一种保温方式，它用保温钉代替黏合剂将泡沫塑料保温板固定在风管表面上。这种方法操作简便、功效高。

使用的保温钉形式较多，有铁质的，尼龙的，一般垫片的，自锁垫片的，以及用白铁皮现场制作的，等等，如图 9.5 所示。施工时，先用黏合剂将保温钉粘贴在风管表面上，粘贴的间距为：顶面每平方米不少于 4 个；侧面每平方米不少于 6 个；底面每平方米不少于 12 个。保温钉粘上后，只要用手或木方轻轻拍打保温板，保温钉便穿过保温板而露出，然后套上垫片，将外露部分扳倒自锁垫片压紧，即将保温板固定。这种方法的最大特点是省去了黏合剂。为了使保温板牢固的固定在风管上，外表面也应用镀锌铁皮带或尼龙带包扎。

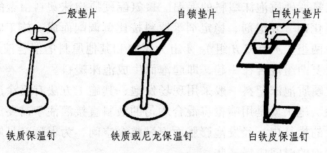

铁质保温钉　　　铁质或尼龙保温钉　　　白铁皮保温钉

图9.5　保温钉

（5）风管内保温。风管内保温就是将保温材料置于风管的内表面，用黏合剂和保温钉将其固定，是粘贴法和钉贴法联合使用的一种保温方法，其目的是加强保温材料与风管的结合力，以防止保温材料在风力的作用下脱落。

风管内保温是近几年来从国外引进的一种保温工艺，主要用于高层建筑因空间狭窄不便安装消声器，而对噪声要求又较高的大型舒适性空调系统上作消声之用。这种保温方法有良好的消声作用，并能防止风管外表面结露。另外，保温在加工厂内进行，保温好后再运至现场安装，这样既保证了保温质量，又实现了装配化施工，提高了安装进度。但是采用内保温减小了风管的有效断面，并大大增加了系统的阻力，因此，增加了铁板的消耗量和系统日后的运行费用。另外，系统容易积尘，对保温的质量要求也较高，并且不便于进行保温操作。因此，这种方法一般适用在需要进行消声的场合。

风管内保温一般采用毡状材料（如玻璃棉毡），为防止棉毡在风力作用下起层吹成细小物进入房间，污染室内空气和减少系统的阻力，多将棉毡上涂一层胶质保护层。保温时，先将棉毡裁成块状，注意尺寸的准确性，不能过大，也不能过小。过大会使保温材料凸起，与风管表面贴合不紧密；过小又不能使两块保温材料接紧，造成大的缝隙，容易被风吹开。一般应略有一点余量为宜。粘贴保温材料前，应先除去风管粘贴面上的灰尘、污物，然后将保温钉刷上黏合剂，按要求的间距（其间距可参照钉贴法保温部分）粘贴在风管内表面上，待保温钉粘贴固定后，再在风管内表面上满刷一层黏合剂后迅速将保温材料铺贴上，注意不要碰到保温钉，最后将垫片套上。如是自锁垫片，套上压紧即可，如是一般垫片，套上压紧后将保温钉外露部分扳倒即可。

内保温的四角搭接处，应小块顶大块，以防止上面一块面积过大下垂。棉毡上的一层胶质保护层很脆，施工时注意不能损坏。管口及所有接缝处都应刷上黏合剂密封。

（6）聚氨酯硬质泡沫塑料的保温。聚氨酯硬质泡沫塑料由聚醚和多元异氰酸酯加催化剂、发泡剂、稳定剂等原料按比例调配而成。施工时，应将这些原料分为两组（A 组和 B 组）。A 组为聚醚和其他原料的混合液；B 组为异氰酸酯。只要两组混合在一起，即起泡而生成泡沫塑料。

聚氨酯硬质泡沫塑料一般采用现场发泡，其施工方法有喷涂法和灌涂法两种。喷涂法施工就是用喷枪将混合均匀的液料直接灌注于需要成型的空间或事先安置的模具内，经发泡膨胀而充满整个空间，为保证有足够的操作时间，要求发泡的时间应慢一些。

在同一温度下，发泡的快慢主要取决于原料的配方。各生产厂的配方均有所不同，施工时应按原料供应厂提供的配方及操作规程等技术文件资料进行施工，为防止配方或操作错误使原料报废，应先进行试喷（灌），以掌握正确的配方和施工操作方法，在有了可靠的保证之后，方可正式喷灌。

操作注意事项如下：

① 聚氨酯硬质泡沫塑料不宜在气温低于 5 ℃ 的情况下施工，否则应对液料加热，其温度在 20 ℃ ~ 30 ℃ 为宜。

② 被涂物表面应清洁干燥，可以不涂防锈层。为便于喷涂和灌注后清洗工具和脱取模具，在施工前可在工具和模具的内表面涂上一层油脂。

③ 调配聚醚混合液时，应随用随调，不宜隔夜，以防原料失效。

④ 异氰酸酯及其催化剂等原料，均系有毒物质，操作时应戴上防毒面具、防毒口罩、防护眼镜、橡皮手套等防护用品，以免中毒和影响健康。

聚氨酯硬质泡沫塑料现场发泡工艺简单，操作方便，施工效率高，附着力强，不需要任何支撑件，没有接缝，导热系数小，吸湿率低，可用于 − 100 ℃ ~ +120 ℃ 的保温。其缺点是异氰酸酯及催化剂有毒，对上呼吸道、眼睛和皮肤有强烈的刺激作用。另外，施工时需要一定的专用工具或模具，价格较贵。因此，使得聚氨酯硬质泡沫塑料的使用受到一定的限制，这些问题有待进一步研究解决后才能广泛采用。

（7）缠包法保温。缠包法保温适用于卷状的软质保温材料（如各种棉毡等）。施工时需要将成卷的材料根据管径的大小剪裁成适当宽度（200 ~ 300 mm）的条带，以螺旋状包缠到管道上。也可以根据管道的圆周长度进行剪裁，以原幅宽对缝平包到管道上。不管采用哪种方法，均需边缠、边压、边抽紧使保温后的密度达到设计要求。

一般矿渣棉毡缠包后的密度不应小于 150～200 kg/m³，玻璃棉毡缠包后的密度不应小于 100～130 kg/m³，超细玻璃棉毡缠包后的密度不应小于 40～60 kg/m³。

保温棉毡的厚度达不到规定的要求，可采用两层或多层缠包。缠包时接缝应紧密结合，如有缝隙，应用同等材料填塞。采用多层缠包时，第二层应仔细压缝。保温层外径不大于 500 mm 时，在保温层外面用直径为 1.0～1.2 mm 的镀锌铁丝绑扎，间距为 150～200 mm，禁止以螺旋状连续缠绕。当保温层外径大于 500 mm 时，还应加镀锌铁丝网缠包，再用镀锌铁丝绑扎牢。

（8）套筒式保温。套筒式保温就是将矿纤材料加工成型的保温筒直接套在管道上。这种方法施工简单、功效高，是目前冷水管道较常用的一种保温方法。施工时，只要将保温筒上的轴向切口扒开，借助矿纤材料的弹性便可将保温筒紧紧地套在管道上。为便于现场施工，在生产厂里保温筒多在保温筒

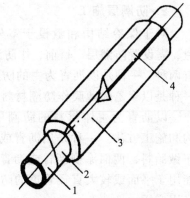

图 9.6　套筒式保温结构

1—管道；2—防锈漆；3—保温筒；
4—带胶铝箔带

的外表面涂有一层胶状保护层，因此，在一般室内管道保温时，可不需再设保护层。对于保温筒的轴向切口和两筒之间的横向接口，可用带胶铝箔黏合，其结构如图 9.6 所示。

（9）对保温层施工的技术要求。

① 凡垂直管道或倾斜角度超过 45°，长度超过 5 m 时的管道，应根据保温材料的密度及抗压强度，设置不同数量的支撑环（或托盘），一般 3～5 m 设置一道，其形式如图 9.7 所示，图中径向尺寸 A 为保温层厚度的 1/2～3/4，以便将保温层拖住。

② 用保温瓦或保温后呈硬质的材料，作为热力管道的保温时，应每隔 5～7 m 留出间隙为 5 mm 的膨胀缝。弯头处留 20～30 mm 膨胀缝。膨胀缝内应用柔性材料填塞。设有支撑环的管道，膨胀缝一般设置在支撑环的下部。

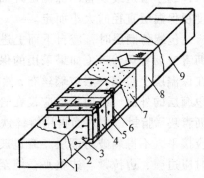

图 9.7　钉贴法保温结构

1—风管；2—防锈漆；3—保温钉；
4—保温板；5—铁垫片；6—包扎带；
7—黏合剂；8—玻璃丝布；
9—防锈漆

189

③ 管道的弯头部分，当采用硬质材料保温时，如果没有成型预制品，应将预制板、管壳、弧形块等切割成虾米弯进行小块拼装（见图 9.8）。切块的多少应视弯头弯曲的缓急而定，最少不得少于 3 块。

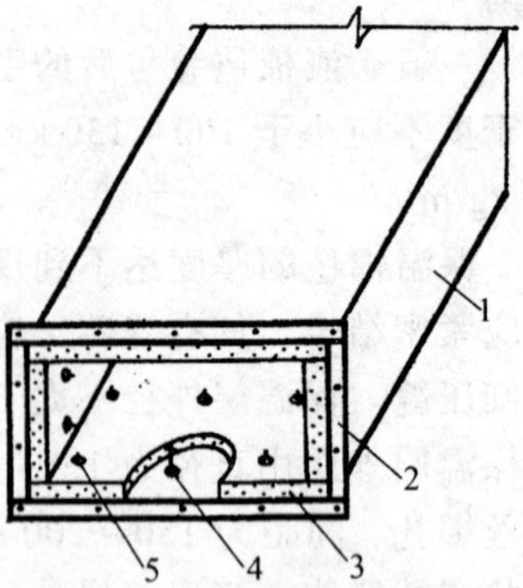

2. 防潮层施工

对于保冷结构和敷设于室外的保温管道，需设置防潮层。目前，作防潮层的材料有两种：一种是以沥青为主的防潮材料；另一种是以聚乙烯薄膜作防潮材料。

以沥青为主体材料的防潮层有两种结构和施工方法。一种是用沥青或沥青玛琋脂粘沥青油毡；另一种是以玻璃丝布做胎料，两面涂刷沥青或沥青玛琋脂。沥青油毡因其过分卷折会断裂，只能用于平面或较大直径管道的防潮。而玻璃丝布能用于任意形状的粘贴，故应用广泛。

图 9.8　风管内保温结构

1—风管；2—法兰；3—保温棉毡；
4—保温钉；5—垫片

以聚乙烯薄膜作防潮层是直接将薄膜用黏合剂粘贴在保温层的表面，施工方便。但由于黏合剂价格较贵，此法应用尚不广泛。

以沥青为主体材料的防潮层施工是先将材料剪裁下来，对于油毡，多采用单块包裹法施工，因此，油毡剪裁的长度为保温层外圆加搭接宽度（搭接宽度一般为 30～50 mm）。对于玻璃丝布，一般采用包缠法施工，即以螺旋状包缠于管道或设备的保温层外面，因此，需将玻璃丝布剪成条带状，其宽度视保温层直径的大小而定。

包缠防潮层时，应自下而上进行，先在保温层上涂刷一层 1.5～2 mm 的沥青或沥青玛琋脂（如果采用的保温材料不易涂上沥青或沥青玛琋脂，可先在保温层上包缠一层玻璃丝布，然后再进行涂刷），再将油毡或玻璃丝布缠到包缠层的外面。纵向接缝应设在管道的侧面，并且接口向下，接缝用沥青或沥青玛琋脂封口，外面再用镀锌铁丝绑扎，间距为 250～300 mm，铁丝接头应接平，不得刺破防潮层。缠包玻璃丝布时，搭接宽度为 10～20 mm，缠包时应边缠、边拉紧、边整平，缠至布头时用镀锌铁丝扎紧。油毡或玻璃丝布缠好后，最后在上面刷一层 2～3 mm 厚的沥青或沥青玛琋脂。

3. 保护层施工

不管是保温结构还是保冷结构，都应设置保护层。用作保护层的材料很多，使用时应随使用的地点和所处的条件，经技术经济比较后决定。材料不同，其结构和施工方法也不同。保护层常用的材料和形式有沥青油毡和玻璃丝布构成的保护层；单独用玻璃丝布缠包的保护层；石棉石膏或石棉水泥保护层；金属薄板加工的保护壳等。

现将上述几种材料和结构形式的保护层施工方法及使用场合分述如下。

（1）沥青油毡和玻璃丝布构成的保护层。先将沥青油毡按保温层或加上防潮层厚度加搭接长度（搭接长度一般为 50 mm）剪裁成块状，然后将油毡包裹到管道上，外面用镀锌铁丝绑扎，其间距为 250~300 mm。包裹油毡时，应自下而上进行，油毡的纵横向搭接长度为 50 mm，纵向接缝应用沥青或沥青玛瑞脂封口，纵向接缝应设在管道的侧面，并且接口向下。油毡包裹在管道上后，外面将购置的或剪裁下来的带状玻璃丝布以螺旋状缠包到油毡的外面。每圈搭接的宽度为条带的 1/2~1/3，开头处应缠包两圈后再以螺旋状向前缠包，起点和终点都应用镀锌铁丝绑扎，并不得少于两圈。缠包后的玻璃丝布应平整无皱纹、气泡，并松紧适当。

油毡和玻璃丝布构成的保护层一般用于室外敷设的管道，玻璃丝布表面根据需要还应涂刷一层耐气候变化的涂料。

（2）单独用玻璃丝布缠包的保护层。单独用玻璃丝布缠包于保温层或防潮层外面作保护层的施工方法同前。多用于室内不易碰撞的管道。对于未设防潮层而又处于潮湿空气中的管道，为防止保温材料受潮，可先在保温层上涂刷一层沥青或沥青玛瑞脂，然后再将玻璃丝布缠包在管道上。

（3）石棉石膏及石棉水泥保护层。石棉石膏及石棉水泥保护层的施工方法为涂抹法。施工时先将石棉石膏或石棉水泥按一定的比例用水调配成胶泥，如保温层（或防潮层）的外径小于 200 mm，则将调配的胶泥直接涂抹在保温层或防潮层上，如果保温层或防潮层外径大于或等于 200 mm，还应在保温层或防潮层外先用镀锌铁丝网包裹加强，并用镀锌铁丝将网的纵向接缝处缝合拉紧，然后将胶泥涂抹在镀锌铁丝网的外面。当保温层或防潮层的外径小于或等于 500 mm 时，保护层的厚度为 10 mm；大于 500 mm 时，厚度为 15 mm。

涂抹保护层时，一般分两次进行。第一次粗抹，第二次精抹。粗抹厚度为设计厚度的 1/3 左右，胶泥可干一些，待初抹的胶泥凝固稍干后，再进行第二次精抹，精抹的胶泥应适当的稀一些。精抹必须保证厚度符合设计要求，并使表面光滑平整，不得有明显的裂纹。保护层在冷热应力的影响下产生裂缝，可在趁第二遍涂抹的胶泥未干时，将玻璃丝布以螺旋状在保护层上缠包一遍，搭接的宽度可为 10 mm。保护层干后则玻璃丝布与胶泥结成一体。

（4）金属薄板保护壳。

作保温结构保护壳的金属薄板一般为白铁皮和黑铁皮，厚度根据保护层直径而定。一般小于或等于 1 000 mm 时，厚度为 0.5 mm；直径大于 1 000 mm 时，厚度为 0.8 mm。

金属薄板保护层应事先根据使用对象的形状和接连方式用手工或机械加工好，然后才能安装到保温层或防潮层表面上。

金属薄板加工成保护壳后，凡用黑铁皮制作的保护壳应在内外表面涂刷一层防锈漆后方可进行安装。安装保护壳时，应将其紧贴在保温层或防潮层上，纵横向接口搭接量一般为 30 ~ 40 mm，所有接缝必须有利雨水排除，纵向接缝应尽量在背视线一侧，接缝一般用自攻螺丝固定，其间距为 200 mm 左右。用自攻螺丝固定时，应先用手提式电钻用 0.8 倍螺丝直径的钻头钻孔，禁止用冲孔或其他方式打孔。安装有防潮层的金属保护层时，则不能用自攻螺丝固定，可用镀锌铁皮带包扎固定，以防止自攻螺丝刺破防潮层。

金属保护壳因其价格较贵，并耗用钢材，仅用于部分室外管道（如室外风管）及室内容易碰撞的管道以及有防火、美观等特殊要求的地方。

第 10 章　管道系统的试压与清洗

10.1　室内给水排水系统

10.1.1　室内给水管道试压

给水管道试压一般分单项试压和系统试压两种。单项试压是在干管敷设完后或隐蔽部位的管道安装完毕，按设计和规范要求进行水压试验。系统试压是在全部干、立、支管安装完毕，按设计或规范要求进行水压试验。

1. 试压准备

试压前应将预留口堵严，关闭入口总阀门和所有泄水阀门及低处放风阀门，打开各分路及主管阀门和系统最高处的放风阀门。连接试压泵一般设在首层，或室外管道入口处。

2. 向系统内注水

使用没有腐蚀性化学物质的水。注水时应由下而上，并将最高处阀门打开，待管内空气全部排净见水后，关闭阀门。若注水压力不足，可采用增压措施。

3. 升　压

先将系统压力逐渐升至工作压力，停泵观察，各部位无破裂、无渗漏时，再升压至试验压力。室内给水管道的水压试验必须符合设计要求。当设计未注明时，各种材质的给水管道系统试验压力均为工作压力的 1.5 倍，但不得小于 0.6 MPa。

4. 检验方法

金属及复合管给水管道系统在试验压力下观测 10 min，压力降不应大于 0.02 MPa，然后降到工作压力进行检查，以不渗不漏为合格，再降到压力为零，试压完毕。若材料为塑料管，应在试验压力下稳压 1 h，压力降不得超过 0.05 MPa,然后在工作压力的 1.5 倍下稳压 2 h,压力降不得超过 0.03 MPa,同时检查各连接处,以不渗不漏为合格。

5. 注意事项

（1）检查全部系统，如有漏水处，应做好标记，并进行修理，修好后再充满水进行加压，而后复查，如管道不渗漏并持续到规定时间，压力降在允许范围内，应通知有关单位验收并办理验收记录。

（2）拆除试压水泵和水源，把管道系统内水排净。

（3）冬季施工期间竣工而又不能及时供暖的工程进行系统试压时，必须采取可靠措施把水排净，以防冻坏管道和设备。

10.1.2 室内排水管道灌水试验

为防止排水管道堵塞和渗漏，确保建筑物的使用功能，室内排水管道应进行试漏灌水试验。

1. 使用范围

适用于室内排水及卫生设备安装工程的通球和灌水试验。

2. 使用工具

（1）通球。胶球按管道直径配用。胶球直径选择如表 10.1 所示。

表 10.1　胶球直径选择表

管径/mm	150	100	75
胶球直径/mm	100	70	50

（2）试漏用配套器具。

① 胶囊。有 DN75、DN100、DN150 等三种。

② 胶管。用氧气（或乙炔）胶管或纤维编织的压缩空气胶管，管径 DN8，长度一般配备为 10 m。

③ 压力表。Y-60 型，2.5 级，0.16 MPa 或 0.25 MPa。

④ 三通接头。专用三通接头（应有逆止装置）。

⑤ 打气筒。

3. 通球操作顺序

（1）通球前，必须做通水试验，试验程序为由上而下进行，以不堵为合格。

（2）胶球应从排水管立管顶端投入，并注入一定水量于管内，使球能顺利流出为合格。通球如遇堵塞，应查明位置进行疏通，通球无阻为止。

（3）通球完毕，做好通球试验记录。

4. 灌水试漏操作顺序

（1）准备工作。将胶管、胶囊等按图 10.1 组合后，对工具进行试漏检查，将胶囊置于水盆内，水盆装满水，边充气，边检查胶囊、胶管接口处是否漏气。

（2）灌水高度及水面位置的控制。

① 大小便冲洗槽、水泥拖布池、水泥盥洗池灌水量不少于槽（池）深的 1/2。

② 水泥洗涤池不少于池深的 2/3。

③ 坐式和蹲式大便器的水箱、大便槽冲洗水箱灌水量放至控制水位。

④ 洗脸盆、洗涤盆、浴盆灌水量放水至溢水处。

⑤ 蹲式大便器灌水量到水面高于大便器边沿 5 mm 处。

⑥ 地漏灌水至水面离地表面 5 mm 以上。

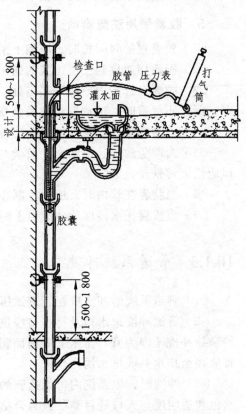

图 10.1　室内排水管灌水试验

（3）打开检查口，先用卷尺在管外大致测量由检查口至被检查水平管的距离加斜三通以下 50 cm 左右，记住这个总长，量出胶囊到胶管的相应长度，并在胶管上做好记号，以控制胶囊进入管内的位置。

（4）将胶囊由检查口慢慢送入，至放到所测长度，然后向胶囊充气并观察，直到压力表指示值上升到 0.07 MPa 为止，最高不超过 0.12 MPa。

（5）由检查口注水于管道中，边注水边观察卫生设备水位，直到符合规定要求水位为止，检验后，即可放水。为使胶囊便于放气，必须将气门芯拔下，要防止拉出时管内毛刺划破胶囊。胶囊泄气后，水会很快排出，这时应观察水位面，如发现水位下降缓慢，说明该管内有垃圾、杂物，应及时清理干净。

（6）对排水管及卫生设备各部分进行外观检查后，如有接口（注意管道及卫生设备盛水处的砂眼）渗漏，可做出记号，随后返修处理。

（7）最后进行高位水箱装水试验，30 min 后，各接口等无渗漏为合格。

（8）分层按系统做好灌水试验记录。

5. 胶囊使用注意事项

（1）胶囊存放时间长时，应擦上滑石粉，置于阴凉干燥处保存。

（2）胶囊切勿放到三通（或四通）口处使用，以防充气打破。

（3）胶囊在管子内要躲开接口处。当托水高度在 3 m 以内，发现封堵不严，漏水不严重时，可放气调整胶囊所在位置。

（4）检漏完毕，应将气放尽取出胶囊。

（5）为避免放气、放水时，胶囊与胶管脱开，冲走胶囊，胶管与胶囊接口应用镀锌铁丝扎紧。

（6）当胶囊在管内时，压力控制在 0.1 MPa（极限值为 0.12 MPa）。

（7）当胶囊托水高度达 4 m 以上时，可采用串联胶囊。

10.1.3 管道系统冲洗

（1）管道系统的冲洗应在管道试压合格后，调试、运行前进行。

（2）管道冲洗进水口及排水口应选择适当位置，并能保证将管道系统内的杂物冲洗干净为宜。排水管截面面积不应小于被冲洗管道截面 60%，排水管应接至排水井或排水沟内。

（3）冲洗时，以系统内可能达到的最大压力和流量进行，直到出口处的水色和透明度与入口处目测一致为合格。

10.2 室外给水排水系统

10.2.1 室外给水管道试压

1. 试压准备

（1）试压管道的分段，如表 10.2 所示。

表 10.2 试压管道的分段

施工地段条件	分段长度/m
一般条件下	500~1 000
管段转弯多时	300~500
湿陷性黄土地区	200
管道通过河流、铁路时	单独进行试压

（2）排气。

① 排气孔位置通常设置在起伏的各顶点处，对于长距离水平管道，需进行多点开孔排气。

② 灌水排气需保证排出水流中无气泡，水流速度不变。

（3）管道在试压前应灌水浸泡，其浸泡时间如表 10.3 所示。

表 10.3 管道试压前的浸泡时间

管道种类	浸泡时间/h
铸铁管	24
钢管	24
预（自）应力钢筋混凝土管 DN<1 000	48
DN>1 000	72
硬聚氯乙烯塑料管	48

2. 试验压力的选择

管道试验压力的选择，如表 10.4 所示。

表 10.4 管道试验压力

管道种类	管道工作压力	管道试验压力
铸铁管	0.49 MPa >0.49 MPa	为工作压力的 2 倍 为工作压力加上 0.49 MPa
钢管		为工作压力加上 0.49 MPa，并不小于 0.88 MPa
预（自）应力钢筋混凝土管	≤0.59 MPa >0.59 MPa	为工作压力的 1.5 倍 为工作压力加上 0.29 MPa
硬聚氯乙烯塑料管		为工作压力的 1.5 倍，最低不得小于 0.5 MPa
水下管道		当设计图上无规定时，应为工作压力的 2 倍，且不小于 1.18 MPa

3. 压力表试验法

压力表试验法的布置如图 10.2 所示，适用于直径较小的管子，一般在 DN400 以下，管路较短，而且只有管内空气全部排除，试验结果才会正确。

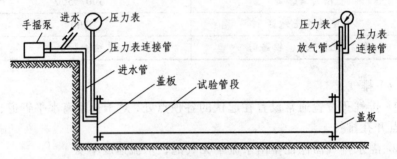

图 10.2　压力表实验装置示意图

试验时用试压泵向管内灌水升压，压力升至设计工作压力，然后停止加压，观察压力表下降情况，若在空气排净的条件下，在 10 min 内压力降不大于 0.05 MPa，则认为最终试验合格。

4. 渗水量试验法

（1）试验原理。渗水量试验法是基于在同一管段内，压力相同，降压相同，则其漏水量相同的原理，来试验管道的漏水情况。

（2）将管内水加到强度试验压力，并使之在 10 min 内压降不超过 0.1 MPa，为此可以补水加压。

（3）经过 10 min 后，从管内放出少量的水，使管道降压，降压的数值为压力表的一个刻度，且使压力表指针与压力表的刻度表相重合，这时的压力称为试验初压，压力表指示初压的时间 $T1$ 称为渗水量试验的开始时间。

（4）试验开始时记录流水槽水桶的水位。10 min 后，观察 10 min 内压力下降情况，如果 10 min 内压力表下降不小于 2 个刻度、但没降至工作压力之下，则可结束压力观测。如果 10 min 内压力表的压力降小于 2 个刻度，则仍应进行观测，直至压力表降至 2 个刻度以下。

（5）观测时间不宜超过管道试压前充水恒压浸泡时间的 1/24，如果压力仍降不到压力表的 2 个刻度值，则应放水以减少管内残存空气对试验结果的影响，使压力降至压力表的 2 个刻度值以下，然后按要求再增压测量。

5. 水压试验与渗水量试验记录

水压试验与渗水量试验记录在相应表格中。

10.2.2 排水管道闭水试验

（1）以两个检查井区间为一个试验段，试验时将上、下游检查井的排入、排出管口严密封闭，由上游检查井注水。

（2）半湿性土壤试验水位为上游检查井井盖处，干燥性土壤试验水位为上游检查中内管顶的 4 m 处。

（3）试验时间为 30 min，测定注入的水的损失量为渗出量。

（4）排水管道闭水试验检验频率如表 10.5 所示。

表 10.5 排水管道闭水试验检验

项 目		检验频率		检验方法
		范 围	点数	
倒虹吸管		每个井段	1	灌水测定、计算渗水量
其他管道	管径<700 mm	每个井段	1	
	管径 700～1 500 mm	每 3 个井段抽验 1 段	1	
	管径>1 500 mm	每 3 个井段抽验 1 段	1	

注：1. 闭水试验应在管道灌满水经 24 h 后进行。
    2. 闭水试验的水位，应为试验段上游管道内顶以上 2 m；如上游管内顶至检查口高度不足 2 m，试验水位可至井口为止。
    3. 对渗水量的测定时间不少于 30 min。

（5）闭水试验允许渗水量如表 10.6 所示。

表 10.6 闭水试验允许渗水量

管道种类	允许渗水量/（$m^3 \cdot d^{-1} \cdot km^{-1}$）											
	管径/mm											
	150	200	300	400	500	600	700	800	900	1 000	1 500	2 000
陶土管	7	12	18	21	23	23	—	—	—	—	—	—
混凝土管、钢筋混凝土管	7	20	28	32	36	40	44	48	53	58	93	148

10.3 室内采暖系统

10.3.1 系统试压

采暖系统安装完毕，管道保温前应进行水压试验。

1. 试压准备

（1）系统试压前应进行全面检查，核对已安装好的管道、管件、阀门、紧固件及支架等质量是否符合设计要求及有关技术规范的规定。同时检查管道附件是否齐全，螺栓是否紧固，焊接质量是否合格。

（2）系统试压前应将不宜和管道一起试压的阀门、配件等从管道上拆除。管道上的甩口应临时封堵。不宜连同管道一起试压的设备或高压系统与中、低压系统之间应加装盲板隔离，盲板处应有标记，以便试压后拆除。系统内的阀门应开启，系统的最高点应设置不小于管径 DN15 的排气阀，最低点应设置不小于 DN25 的泄水阀。

（3）试压前应装两块经校验合格的压力表，并应有铅封。压力表的满刻度应为被测压力最大值的 1.5～2 倍。压力表应安装在便于观察的位置，其精度等级不应低于 1.5 级。

（4）试验压力应符合设计要求，当设计未注明时，应符合下列规定。

① 蒸汽、热水采暖系统，应以系统顶点工作压力加 0.1 MPa 做水压试验，同时在系统顶点的试验压力不小于 0.3 MPa。

② 高温热水采暖系统，试验压力应为系统顶点工作压力加 0.4 MPa。

③ 使用塑料管及复合管的热水采暖系统，应以系统顶点工作压力加 0.2 MPa 做水压试验。同时在系统顶点的试验压力不小于 0.4 MPa。

2. 试 压

（1）打开水压试验管路中的阀门，开始向供暖系统注水。

（2）开启系统上各高处的排气阀，使管道及供暖设备里的空气排尽。待水灌满后，关闭排气阀和进水阀，停止向系统注水。

（3）打开连接加压泵的阀门，用电动打压泵或手动打压泵通过管路向系统加压，同时拧开压力表上的旋塞阀，观察压力逐渐升高的情况，一般分 2～3 次升至试验压力。在此过程中，每加压至一定数值时，应停下来对管道进行全面检查，无异常现象方可再继续加压。

（4）工作压力不大于 0.07 MPa（表压力）的蒸汽采暖系统，应以系统顶点工作压力的 2 倍做水压试验，在系统的低点，不得小于 0.25 MPa 的表压力。热水供暖或工作压力超过 0.07 MPa 的蒸汽供暖系统，应以系统顶点工作压力加上 0.1 MPa 做水压试验，同时，在系统顶点的试验压力不得小于 0.3 MPa。

（5）高层建筑其系统低点如果大于散热器所能承受的最大试验压力，则应分层进行水压试验。

（6）试压过程中，用试验压力对管道进行预先试压，其延续时间应不少于 10 min。然后将压力降至工作压力，进行全面外观检查，在检查中，对漏水或渗水的接口应做记号，以便于返修。在 5 min 内压力降不大于 0.02 MPa 为合格。

（7）系统试压达到合格验收标准后，放掉管道内的全部存水。不合格时，应待补修后，再次按前述方法二次试压。

（8）拆除试压连接管路，将入口处供水管用盲板临时封堵严实。

10.3.2　管道冲洗

为保证采暖管道系统内部的清洁，在投入使用前应对管道进行全面的清洗或吹洗，以清除管道系统内部的灰、砂、焊渣等污物。此项工作需在系统试压、保温之后进行。

1.　清洗前的准备工作

（1）对照图纸，根据管道系统情况，确定管道分段吹洗方案，对暂不吹洗管段，通过分支管线阀门将其关闭。

（2）不允许吹扫的附件，如孔板、调节阀、过滤器等，应暂时拆下以短管代替；对减压阀、疏水器等，应关闭进水阀，打开旁通阀，使其不参与清洗，以防污物堵塞。

（3）不允许吹扫的设备和管道，应暂时用盲板隔开。

（4）气体吹扫时，吹出口一般设置在阀门前，以保证污物不进入关闭的阀体内。水清洗时，清洗口设于系统各低点泄水阀处。

2.　管道的清洗要求

管道清洗一般按总管—干管—立管—支管的顺序依次进行。当支管数量较多时，可视具体情况，关断某些支管逐根进行清洗，也可数根支管同时清洗。

确定管道清洗方案时，应考虑所有需清洗的管道都能清洗到，不留死角。清洗介质应具有足够的流量和压力，以保证冲洗速度；管道固定应牢固，排放应安全可靠。为增强清洗效果，可用小锤敲击管子，特别是焊口和转角处。

清（吹）洗合格后，应及时填写清洗记录，封闭排放口，并将拆卸的仪表及阀件复位。

3. 水清洗

采暖系统在使用前，应用水进行冲洗。冲洗水选用饮用水或工业用水。冲洗前，应将管道系统内的流量孔板、温度计、压力表、调节阀芯、止回阀芯等拆除，待清洗后再重新装上。

（1）出水口管道断面，应不小于被冲洗管道断面的 50%，并根据现场情况进行必要的加固，既要保证冲洗水流的顺利排放，又要保证排水管道本身与操作人员的安全。

（2）冲洗管道的排水，应敷设临时管线，排入适当的地方。

（3）用水冲洗应以管内可能达到的最大流速且不小于 1.5 m/s 的流速进行。有条件时，要尽量利用系统内的水泵。

（4）放水时间长短，以排水量大于管道总体积的 3 倍为宜。冲洗时，先打开放水阀门，再打开来水阀门，进行冲洗。

（5）管道系统冲洗时，对可能滞留脏污、杂物的部位，应及时进行清除。

4. 蒸汽吹洗

蒸汽管道应采用蒸汽吹洗。蒸汽吹洗与蒸汽管道的通汽运行同时进行，即先进行蒸汽吹洗，吹洗后封闭各吹洗排放口，随即正式通汽运行。

（1）蒸汽吹洗应先进行管道预热。预热时应开小阀门用小量蒸汽缓慢预热管道，同时检查管道的固定支架是否牢固，管道伸缩是否自如，待管道末端与首端温度相等或接近时，预热结束，即可开大阀门增大蒸汽流量进行吹洗。

（2）吹洗出口管在有条件的情况下，以斜上方 45°为宜，距出口 100 m 的范围内，不得有人工作或怕烫的建筑物，而且吹洗时要有专人监察与保护。

（3）蒸汽吹洗应从总气阀开始，沿蒸汽管道中蒸汽的流向逐段进行。一般每一吹洗管段只设一个排气口。排气口附近管道固定应牢固，排气管应接至室外安全的地方，管口朝上倾斜，并设置明显标记，严禁无关人员接近。排气管的截面面积应不小于被吹洗管截面面积的 75%。

（4）蒸汽管道吹洗时，应关闭减压阀、疏水器的进口阀，打开阀前的排泄阀，以排泄管做排出口，打开旁通管阀门，使蒸汽进入管道系统进行吹洗。用总阀控制吹洗蒸汽流量，用各分支管上阀门控制各分支管道吹洗流量。蒸汽吹洗压力应尽量控制在管道设计工作压力的 75%左右，最低不能低于工作压力的 25%。吹洗流量为设计流量的 40%～60%。每一排气口的吹洗次数不应少于 2 次，每次吹洗 15～20 min，并按升温—暖管—恒温—吹洗的顺序反复进行。蒸汽阀的开启和关闭都应缓慢进行，不应过急，以免引起水击而损伤阀件。

（5）蒸汽吹洗的检验，可用刨光的木板置于排气口处检查，以板上无锈点和脏物为合格。对可能留存污物的部位，应用人工加以清除。蒸汽吹洗过程中不应使用疏水器来排除系统中的凝结水，而应使用疏水器旁通管疏水。

参考文献

[1] 给水排水制图标准（GB/T 50106—2001）[S]. 北京：中国计划出版社，2002.

[2] 暖通空调制图标准（GB/T 50114—2001）[S]. 北京：中国计划出版社，2002.

[3] 建筑工程施工质量验收统一标准（GB 50300—2001）[S]. 北京：中国建筑工业出版社，2001.

[4] 建筑给水排水及采暖工程施工质量验收规范（GB 50242—2002）[S]. 北京：中国建筑工业出版社，2002.

[5] 建筑行业职业技能培训教材编委会. 水暖工[M]. 北京：中国计划出版社，2007.

[6] 段成君等. 简明建筑给排水工手册[M]. 北京：机械工业出版社，2000.

[7] 本书编委会. 水暖工长一本通[M]. 北京：中国建材工业出版社，2009.

[8] 郎嘉辉. 建筑给水排水工程[M]. 重庆：重庆大学出版社，2004.

[9] 周义德，吴杲. 建筑防火工程[M]. 郑州：黄河水利出版社，2004.

[10] 梁延东. 建筑消防系统[M]. 北京：中国建筑工业出版社，2009.

[11] 王增长. 建筑给水排水工程[M]. 4 版. 北京：中国建筑工业出版社，1998.

[12] 建设部人事教育司. 水暖工[M]. 北京：中国建筑工业出版社，2002.

[13] 吴根树. 建筑设备工程[M]. 北京：机械工业出版社，2009.

[14] 刘耀华. 施工技术及组织[M]. 北京：中国建筑工业出版社，2004.

[15] 许富昌. 暖通工程施工技术[M]. 北京：中国建筑工业出版社，1999.

[16] 吴耀伟. 供热通风与空调工程施工技术[M]. 北京：中国电力出版社，2009.